Julian Traublinger

Migrationsnetzwerke

Illegale Immigration nach Italien auf dem Seeweg – Ein Blick auf die Politik Italiens und der EU

GRIN Verlag

Bibliografische Information der Deutschen Nationalbibliothek:

Die Deutsche Bibliothek verzeichnet diese Publikation in der Deutschen Nationalbibliografie; detaillierte bibliografische Daten sind im Internet über http://dnb.d-nb.de/ abrufbar.

Impressum:

Druck und Bindung: Books on Demand GmbH, Norderstedt Germany
ISBN: 978-3-640-77527-9

Dieses Buch bei GRIN:

http://www.grin.com/de/e-book/161243/migrationsnetzwerke

Universität Salzburg
Fachbereich Geographie und Geologie

PROSEMINAR: Globalisierung, Regionalentwicklung und Regionalanalyse (WS 2007/08)

BAKKALAUREATSARBEIT
zum Thema:

Migrationsnetzwerke

Illegale Immigration nach Italien auf dem Seeweg –
Ein Blick auf die Politik Italiens und der EU

vorgelegt von

Julian Traublinger

Januar 2008

Es ist nicht die Einwanderung, die Probleme schafft – es ist der politische Umgang damit. Es ist auch nicht Europa, das gestürmt wird – es sind die Mauern einer Festung, die derzeit gebaut wird.

Corinna Milborn in „Gestürmte Festung Europa...", S. 7

Inhalt:

Tabellen

Abbildungen

Abkürzungen

AIDS	immune deficiency syndrome
Anm.	Anmerkung
ASL	Associazione sanitaria locale, Lokaler Gesundheitsdienst
bzw.	beziehungsweise
CDI	Centro d'identificazione, Identifikationszentrum
CIR	Consiglio Italiano per i Rifugiati, Italienischer Flüchtlingsrat
CPA	Centro di Prima Accoglienza, Zentrum der Erstaufnahme
CPT	Centro di Permanenza Temporanea e Assistenza, Abschiebegefängnis
EC	European Community
ECRE	European Council on Refugees and Exiles
EG	Europäische Gemeinschaft
EMN	Europäisches Migrationsnetzwerk
EPN	European Patrols Network
EU	Europäische Union
ebd.	ebenda
f.	und folgende Seite
ff.	und folgende und übernächste Seite
Frontex	European Agency for the Management of Operational Cooperation at the External Borders of the Member States of the European Union
Hg.	Herausgeber
ICF	Consorzio Italiano della Solidarietà, italienische NGO, die Flüchtlinge berät
IWF	Internationaler Währungsfonds
MSF	Medici senza Frontieri, Ärzte ohne Grenzen
NGO	(Plural: NGOs) Non-governmental Organizations
o. J.	ohne Jahr
o. S.	ohne Seitenangaben
PNA	programma nazionale asilo, nationales Programm für Asylsuchende
PRODEIN	Asociación Pro Derechos de la Infancia, Kinderrechtsorganisation
S.	Seite
Sciences Po	Institut für politische Studien
UIS/UIL	italienische Gewerkschaft
UN	United Nations
UNHCR	United Nations High Commissioner for Refugees
UNTOC	United Nations Convention against Trans-national Organized Crime
USA	United States of America
v. a.	vor allem
vgl.	vergleiche
WTO	World Trade Organization

Forschungsfrage:

Wie treten die EU und insbesondere Italien dem Ansturm von boat people über das Mittelmeer entgegen? Wie wirkt sich das auf die Flüchtlingsproblematik aus und welche (anderen, besseren) Möglichkeiten der Politik gibt es, um den Flüchtlingen das Leben zu erleichtern, legale Einwanderung zu fördern und illegale, lebensgefährliche zu vermeiden?

Hypothese:

Man tritt den Flüchtlingen von staatlicher Seite mit einer reinen Abwehrhaltung entgegen und rüstet die viel beschriebene „Festung Europa" hoch. Eine konstruktive Lösung des Flüchtlingsproblems ist nicht in Sicht. Es ist nicht beabsichtigt, den betroffenen „illegalen" Migranten das Leben zu erleichtern, im Gegenteil. Auf der Suche nach Lösungen wird vor allem kurzfristig eine Hochrüstung der Grenzbewachung erreicht und weniger langfristig eine Bekämpfung des Problems an den Wurzeln wie etwa mit Entwicklungshilfe.

Einleitung

Die EU-Staaten Spanien, Italien, Griechenland und Malta haben als Mittelmeerländer ein schwerwiegendes Problem durch die Einwanderung von Bootsflüchtlingen an ihren Küsten. Spanien kommt insbesondere nicht mit den Ankömmlingen klar, die über den Atlantikweg sein Überseeterritorium Kanarische Inseln ansteuern. Das Schicksal der Migranten, die zu Tausenden auf dem Meer umkommen, ist eine dauernde Tragödie unfassbaren Ausmaßes.

In dieser Arbeit über die boat people im Mittelmeer wird ein Schwerpunkt auf Italien und weiter auf der EU-Flüchtlingspolitik im Mittelmeer unter Kooperation mit afrikanischen Staaten liegen. Was die EU-Politik angeht, wird speziell auch auf die Grenzschutzagentur Frontex eingegangen, die über ein rasant wachsendes Budget aus dem Topf der EU verfügt[1].

Die Protagonisten der EU-Politik betonen gerne, dass ihre Politiken zum besten der Migranten selbst und ihrer Herkunfts- und Zielländer seien, also eine „triple-win-situation" herstellen könnten[2]. Doch Flüchtlingshilfs- und andere Menschenrechtsorganisationen kritisieren scharf, dass Flüchtlinge in die Illegalität getrieben würden und die ihnen zustehenden Rechte nicht gewährleistet bekämen[3]. Die NGOs trugen zahlreiche Beispiele von menschenverachtender Politik gegenüber „illegalen" Migranten in Ländern rund ums Mittelmeer zusammen. Mit dieser Arbeit will der Autor unter Zusammentragung der aktuellen Vorgänge staatliche Netzwerke zur illegalen Migration beschreiben und der Frage nachgehen, ob es von staatlicher europäischer Seite her überhaupt erwünscht ist, den Flüchtlingen ihre Rechte zu gewähren.

boat people – Politik der EU, Italiens und anderer Mittelmeerländer

Im Hauptteil geht der Autor unter Punkt 1 erläuternd auf die Push- und die Pullfaktoren ein, die für Migranten aus den afrikanischen Ländern mit Zielrichtung Mittelmeerraum gelten. Diese sind Gründe für beschwerliche Fußmärsche durch die nordafrikanische Wüste und das massenhafte Übersetzen übers Meer in seeuntüchtigen Booten, was Thema in Punkt 2 ist. In Punkt 3 kommt schließlich ein Kernthema der Arbeit, die Politik Italiens gegenüber den boat people, zur Sprache.

---

[1] vgl. Fortress Europe 2007, 3, abgerufen im Internet unter: http://www.statewatch.org/news/2007/nov/fortress-europe-libya-report.pdf

[2] vgl. Rede des deutschen Innenministers Wolfgang Schäuble am 19. November 2007, abgerufen im Internet unter: http://www.bmi.bund.de/nn_662956/Internet/Content/Nachrichten/Reden/2007/11/BM__EuroMed.html

[3] vgl. Gleitze / Schultz 2006, 16-22, abgerufen im Internet unter: http://www.proasyl.de/fileadmin/proasyl/fm_redakteure/Broschueren_pdf/Zonen_der_Rechtlosigkeit_04.pdf

Den letzten großen Abschnitt des Hauptteils (Punkt 4) bildet die EU-Politik, unter anderem mit der Grenzschutzagentur Frontex und dem Fall Libyen als Unterthemen.

Die Begriffe boat people, (illegale) Migranten und (illegale) Flüchtlinge werden nahezu synonym verwendet, da sich der Autor nicht in der Lage sieht, im Rahmen dieser Arbeit neben der behandelten Thematik noch eine theoretische Begriffsklärung durchzuführen. Auch ist der Sinn einer solchen Trennung fraglich, da die konsequente Unterscheidung der Begriffe in der Praxis ohnehin meistens schwierig sein dürfte.

1. Push- und Pullfaktoren

Mit den Pushfaktoren werden die Migrationsursachen bezeichnet, die im Herkunftsland der Migranten liegen. Dagegen meinen die Pullfaktoren die Gründe, die ein Zielland für Einwanderer attraktiv machen.

1.1 Probleme in den Herkunftsländern

Bade äußerte sich allgemein und führte als erstes demographische in Verbindung mit wirtschaftlichen Ursachen an. Er sieht eine „Schere zwischen starkem Bevölkerungswachstum und stagnierendem oder sogar schrumpfendem Erwerbsangebot.“ Besonders die Landwirtschaft sieht Bade dabei in einer sich auch durch globale Faktoren verschärfenden Krise. Aus „wachsenden Slums der ‘Megastädte’“, in welche die ländliche Bevölkerung flüchtet, „[brechen] wieder neue Wanderungen [aus].“

Als weitere Migrationsursachen in den Entwicklungsländern werden bei Bade unter anderem auch die Wüstenbildung durch „klimatisch [bedingte] und [menschliche] Umweltzerstörung“ genannt, politische Konflikte, „die teils aus indigenen Entwicklungen, teils aus kolonialen bzw. postkolonialen Belastungen resultieren“, sowie Bürgerkriege, die „[in] den 1990er Jahren [...] zu den wichtigsten Antriebskräften von Zwangs- und Fluchtwanderungen in der ‘Dritten Welt’ [wurden]“.[4]

Er weist gleich anschließend darauf hin, dass „das verängstigte Europa nur zu ca. 5 Prozent“ von den „schätzungsweise 120 Millionen Menschen umfassenden weltweiten Wanderungsbewegungen“ „tangiert“ wird. Es gebe „mithin einen klaffenden Unterschied zwischen globalen Dramen im

[4] vgl. Bade 2000, 10ff.

Fluchtgeschehen und europäischer Dramaturgie bei der Inszenierung von 'Betroffenheiten' durch weltweit wachsenden 'Migrationsdruck', über dessen Einschätzung sich die Geister scheiden." Bade meint weiter, die Geschichte der Süd-Nord-Wanderung nach Europa sei, „so betrachtet, im Grunde weniger eine Geschichte von Wanderungsbewegungen als eine Geschichte der Angst davor und der Abwehr dagegen"[5]. Das stützt gewissermaßen die Hypothese des Autors, dass man den Flüchtlingen von staatlicher Seite mit einer reinen Abwehrhaltung entgegentritt. Allerdings stellt sich die Frage, ob Bade seine Meinung der geringen Tangierung Europas auch so beibehielt, angesichts des Anstiegs der boat people nach 2000. Der Dokumentarfilm „Au clair de la lune..." von Leona Goldstein über westafrikanische Herkunftsländer von Flüchtlingen in Europa bestätigt die Richtung von Bades Aussage, wenngleich die Gesamtzahl der Flüchtlinge relativiert wird. Es seien weltweit 40 Millionen Menschen auf der Flucht, etwa 32 bis 34 Millionen davon verblieben in ihren Herkunftsländern. In Europa hätten 2006 weniger als 200.000 Menschen einen Asylantrag gestellt, wovon durchschnittlich fünf Prozent anerkannt worden seien.[6]

Als Hauptherkunftsländer in Afrika führt Texeire von der Sciences Po in Rennes, Frankreich, z. B. für Malta an: Eritrea, Djibouti, Äthiopien, Somalia, Sudan, Kongo und Liberia. Für Afrika stellt sie allgemein fest, dass Korruption und fehlende Demokratie in den ehemals kolonisierten Staaten schwerwiegende Probleme darstellen. Viele Politiker hätten ihre Machtposition genutzt, um ethnische Konflikte anzuheizen, die unter der Kolonialherrschaft verschärft oder sogar verursacht wurden[7]. Texeire hält weiter fest, dass verfehlte Regierungspolitiken und Korruption für Hungersnöte sorgten und ein Verteilungssystem, das nicht ausreicht, genügend Nahrung zum Überleben zur Verfügung zu stellen. Außerdem nennt sie die AIDS-Epidemie. Als Länder mit schweren Menschenrechtsverletzungen nennt Texeire: Die Demokratische Republik Kongo, Sierra Leone, Liberia, Sudan und Elfenbeinküste.[8] Ein prominentes Beispiel für Menschenrechtsverletzungen ist die Ermordung von Norbert Zongo. Im erwähnten Dokumentarfilm von Leona Goldstein wird Zongo als „maßgeblicher Wortführer der intellektuellen Oppositionsbewegung [Anm.: in Burkina Faso] und Herausgeber der kritischen Wochenzeitung 'L'Independant'" bezeichnet. Er soll während Recherchen zu einem Mord, in den der Bruder des Präsidenten von Burkina Faso verwickelt sei, am 13. Dezember 1998 auf dem Heimweg gestoppt und in seinem Auto verbrannt worden sein.[9]

---

[5] vgl. ebd., 13
[6] vgl. im Anhang « 'Au clair de la lune...' - … » … Transkription von Untertiteln
[7] vgl. Texeire 2006, 21ff., abgerufen im Internet unter: http://www.alternattiva.org.mt/filebank/documents/Fiona%20TEXEIRE-%20At%20the%20Gate%20of%20Fortress%20Europe.pdf
[8] ebd., 24
[9] vgl. im Anhang « 'Au clair de la lune...' - … » … Transkription von Untertiteln

Die österreichische Journalistin Milborn führt die Fluchtgründe in Burkina Faso näher aus, wobei sie feststellt, dass „nur ein winziger Teil" der acht Millionen im Ausland lebenden „Burkinabé" nach Europa geht[10]. Als weitere Herkunftsländer von Flüchtlingen „vor den Grenzen Europas" nennt Milborn: Mali, Senegal, Togo, Niger, Guinea Bissau[11]. Sie verweist sowohl darauf, dass Europas Staaten „als ehemalige Kolonialmächte und als Profiteure und Verursacher von Armut in Afrika [...] nicht unbeteiligt [sind] an den Gründen, die Afrikaner zum Auswandern treiben."[12] Gleichzeitig auch auf die Anziehungskraft der Zielländer: „Die enormen Unterschiede zwischen dem reichen Europa und dem Elend in Afrika werden täglich im Kaffeehaus um die Ecke auf dem Fernsehschirm serviert."[13]

Bei den Pushfaktoren geht Milborn konkret auf den Klimawandel, die Probleme mit dem Baumwollanbau, speziell im Zusammenhang mit dem Phänomen der staatlichen Schuldenfalle, ein. An dem Dorf Tolo im Norden von Burkina Faso zeigt sie, wie die Gegend in dessen Region austrocknet. Die Regenfälle werden immer seltener und im Einzelfall heftiger, so dass es insgesamt trockener wird und die Starkregen auch noch den landwirtschaftlichen Boden zerstören. Ein Hochwasser hatte ein Loch in den Staudamm in der Nähe des Dorfes gerissen[14]. Burkina Faso setzt einseitig auf den von IWF und Weltbank verordneten Baumwollanbau, für den die letzten Bäume abgeholzt und Pestizide eingesetzt werden. Das geht so lange, bis das Land ausgelaugt ist und nur noch zur Wüste taugt. Anstatt für den Eigenbedarf beispielsweise Hirse anzubauen, setzen die Bauern auf die Exportware Baumwolle. Dazu kommt, dass die USA mit Hilfe von WTO-Regelungen mit ihrer subventionierten Baumwolle auf den Weltmarkt drängt und den Baumwollpreis in Burkina Faso unter die Produktionskosten drückt.[15] Im Jahr 2005 gab es in der Gegend von Tolo eine große Hungersnot[16].- „Viele junge Männer haben das Dorf bereits verlassen, um anderswo Geld für ihre Familien zu verdienen."[17]

Milborn nahm Burkina Faso als Beispiel für ein Land, das gerade nicht durch einen Krieg in der jüngeren Vergangenheit geschädigt wurde, an dem man aber deutlich sieht, wie Europa (die EU ist neben den USA in Weltbank, IWF und WTO bestimmende Macht) an den Auswanderungsursachen beteiligt ist.

[10] Milborn 2006, 209
[11] ebd., 195
[12] ebd., 195
[13] ebd., 210
[14] vgl. ebd., 195ff.
[15] vgl. ebd., 200f.
[16] vgl. ebd., 197
[17] ebd., 196

1.2 Anziehungskraft Europas

Es leuchtet ein, dass der Wohlstandskontinent Europa eine ungeheure Anziehungskraft auf Afrikaner, die unter den oben angeführten Problemen leiden, ausstrahlt. Sicherlich werden manche Illusionen, die das Fernsehen oder Nachrichten von ausgewanderten Landsleuten erzeugen (wer erweckt schon gerne den Eindruck, dass es ihm in der neuen Heimat nicht gut geht und somit die eigene Entscheidung zum Auswandern falsch war) nach der Ankunft im Zielland schwer enttäuscht. Doch immerhin haben die Migranten die Möglichkeit, Geld zu verdienen und ihren Verwandten mit Überweisungen zu helfen, solange es ihnen nicht verwehrt wird, weil sie beispielsweise in der Zwangsprostitution oder ähnlichen Ausbeutungssystemen enden. „Jeder an der Grenze weiß, dass er in Europa innerhalb weniger Wochen Arbeit findet: Ganze Branchen hängen mittlerweile von der – faktisch geduldeten – Schwarzarbeit illegaler Einwanderer ab", so Milborn in ihrem Buch. Sie spricht weiter von einem „Subproletariat von zehn Millionen illegalen Migranten", die beispielsweise die Wirtschaftszweige Landwirtschaft, Baubranche, Gastronomie und Haushaltsdienstleistungen erhalten würden[18]. Es mag übertrieben sein, dass diese Branchen komplett von den illegalen Migranten abhängen würden, doch scheint es plausibel, dass diese ihren gewichtigen Beitrag leisten und ohne sie Turbulenzen zu erwarten wären.

Die Anzahl der illegalen Arbeiter ist naturgemäß schwer zu benennen. Nach Milborn schätzt die EU-Kommission, dass jährlich 500.000 illegale Migranten in die EU kommen, um zu arbeiten. In Italien lebten nach Schätzungen der Regierung zwei Millionen „Illegale", wobei hier bei Milborn unklar bleibt, ob es sich um die Gesamtzahl der Personen mit illegalem Status handelt oder um die Zahl der illegalen Arbeiter.[19]

Currle schreibt davon, dass Menschenhandel und –schleusung zu einem lukrativen Geschäft der organisierten Kriminalität in Italien geworden sei[20]. „Die illegale Beschäftigung von Ausländern scheint dabei mehr oder weniger toleriert", so Currle. Der deutsche UNHCR-Vertreter Stefan Berglund wird in „Migration und Bevölkerung" 2003 folgendermaßen zitiert: „Die Mafiosi dieser Welt wechseln zum Schleppen." In diesem Geschäft werde mittlerweile mehr Geld umgesetzt als mit Drogenhandel.[21]

---

[18] ebd., 9f.
[19] ebd., 73
[20] Currle 2004, 281
[21] „Italien: Hilfe bei Grenzsicherung gefordert", in: „Migration und Bevölkerung" 9/2003, abgerufen im Internet unter: http://www.migration-info.de/migration_und_bevoelkerung/artikel/030906.htm

Neben der Möglichkeit, zum Arbeiten legal in die EU zu kommen, sind zwei weitere der Familennachzug und die Heirat eines EU-Bürgers. Alle drei Möglichkeiten werden immer weiter eingeschränkt, wie Milborn zu berichten weiß. Am Beispiel Österreichs berichtet sie davon, dass es nur noch Topmanagern möglich ist, legal zur Arbeitsaufnahme nach Österreich zu kommen.[22]

Wie drücken sich nun Fluchtbewegungen von Afrikanern in Richtung von Mittelmeerländern aus? Zu zwei Brennpunkten an europäischen Grenzen ist in den folgenden Abschnitten mehr zu lesen.

2. Ansturm auf die „Festung Europa"

Als wichtigste Grenzübergänge für Flüchtlinge im Mittelmeerraum stellt die deutsche Flüchtlingshilfsorganisation Pro Asyl auf seiner Europa-Karte folgende Orte dar:

- Kanarische Inseln und die Exklaven Ceuta und Melilla (Spanien)
- Italien (sicherlich zurückzuführen auf die Situation in Lampedusa und Sizilien)
- Der Inselstaat Malta südlich von Sizilien
- Griechenland (aufgrund der ägäischen Inseln)[23]

Zu Italien hier eine Tabelle mit den Ankunftszahlen von Immigranten an den süditalienischen Küsten:

Region	*Apulien*	*Kalabrien*	*Sizilien*
1999	46.481	1.545	1.973
2000	18.990	5.045	2.782
2001	8.546	6.093	5.504
2002	3.372	2.122	18.225

Tabelle: Ankunft von Immigranten an den süditalienischen Küsten
Quelle: Ministero degli Interni, „Lo Stato della Sicurezza in Italia", 15.08.2004, hier nach Puggioni 2006, 179, übertragen und übersetzt durch den Autor

Durch die Militarisierung Apuliens wurden die Menschenschmuggler nach Kalabrien und später nach Sizilien, v. a. Lampedusa und Pantelleria, umgeleitet, so Puggioni, aus deren Artikel die Tabelle stammt.[24]

---

[22] ebd., 73f.
[23] vgl. Pro Asyl o. J.: Karte "Europa Mit den wichtigsten Grenzübergängen"
[24] vgl. Puggioni 2006, 178

2.1 Drama am Zaun: Ceuta und Melilla 2005

Im Herbst 2005 sorgte der Sturm tausender Migranten auf die Grenzbefestigungen der spanischen Exklaven Ceuta und Melilla an der marokkanischen Mittelmeerküste für große mediale Aufmerksamkeit in Europa. Es schien so, als würde erstmals das Flüchtlingsproblem am Mittelmeer, auch unter dem Aspekt der Bootsflüchtlinge, stärker in den Mittelpunkt der hiesigen Berichterstattung rücken und seitdem diese Thematik immer wieder Eingang finden.

Doch das Phänomen, dass Migranten versuchen, die jeweils rund zehn Kilometer langen und damals drei bis sechs Meter hohen Zäune an der Grenze der beiden spanischen Städte auf afrikanischem Boden zu überwinden, war nicht neu. In den ersten acht Monaten des Jahres 2005 wurden rund 11.000 Versuche gezählt, die Grenze bei Melilla zu überwinden, vermeldete der Newsletter „Migration und Bevölkerung“ unter Berufung auf die spanische Guardia Civil. Das besondere war nun, dass erstmals große Gruppen von bis zu 500 Personen gemeinsam gegen die Abwehranlagen stürmten. Auf diesen Massenansturm waren die spanischen Grenzgendarmen und marokkanischen Militärs nicht vorbereitet. Laut dem Newsletter versuchten zwischen 27. September und 6. Oktober 2005 über 3.000 Afrikaner illegal in die spanischen Exklaven zu kommen, über 900 davon hatten Erfolg. Dies sei die Zeit des stärksten Ansturms gewesen.

Hunderte verletzten sich an den Klingen, die am doppelten Zaun angebracht sind oder beim Herabfallen vom Zaun, oder sie wurden von nachrückenden Personen überrannt. 14 Menschen kamen ums Leben, teilweise durch Schussverletzungen. Das Überwachungspersonal an der Grenze verwende in Ausnahmefällen Gummigeschosse, heißt es in „Migration und Bevölkerung“[25], wogegen Milborn, die sich ebenfalls mit den Vorfällen beschäftigte, andeutet, dass das marokkanische Militär beim Schusswaffengebrauch gegen die Flüchtlinge in der Regel scharfe Munition verwendet. Mindestens ein Dutzend Flüchtlinge habe es 2005 an der Grenze zu Ceuta und Melilla erschossen, schreibt Milborn unter Berufung auf Zeitungsberichte.[26] Im Film von Goldstein wird in einem Beitrag der spanischen Kinderhilfsorganisation Asociación Pro Derechos de la Infancia (PRODEIN) eine Zeugenaussage über einen Fall gezeigt, in der auch von schweren Misshandlungen der Guardia Civil gegen drei Afrikaner mit einem Todesfall berichtet wird[27].
Auch nach dem großen Ansturm 2005 gab es Zwischenfälle. So berichtet der Europasprecher der deutschen Flüchtlingshilfsorganisation Pro Asyl Karl Kopp in seinem Artikel „Hart an der Grenze“

[25] „Migration und Bevölkerung“, 9/2005, 1, abgerufen im Internet unter: http://www.migration-info.de/migration_und_bevoelkerung/archiv/ausgaben/ausgabe0509.pdf
[26] Milborn 2006, 17
[27] vgl. im Anhang: « ‘Au clair de la lune...’ - ... »... Transkription von Untertiteln

davon, dass im Juli 2006 in Melilla drei Menschen beim Versuch, die Grenzzäune zu überwinden, erschossen wurden. „Die Todesfälle an der spanisch-marokkanischen Grenze sind bis heute nicht aufgeklärt“, so Kopp 2007[28]. Spanien habe seine Grenze in Melilla zu einem „neuen Eisernen Vorhang“ hochgerüstet, berichtete Kerstin Böffgen von einer Reise nach Melilla Anfang Februar 2007. Mittlerweile ist eine vierfache Abwehranlage von Afrika aus zu überwinden: Ein sechs Meter hoher Zaun, oben mit geneigten Klappen, so dass man fast unweigerlich herabfällt, sobald man oben angekommen ist. Dann fällt man auf die „Sirga“, ein Gewirr von Drahtseilen, das nach den Vorfällen 2005 innerhalb des Doppelzauns angebracht wurde, was schlimme Verwundungen zur Folge hat. Zusätzlich trete Tränengas und Pfefferspray aus. Danach sieht man sich einem etwas niedrigeren, aber ebenfalls mit Klappen oder Natodraht (mit Z-Klingen) gesichertem Zaun gegenüber und zuletzt steht noch einmal ein sechs Meter hoher mit Natodraht bewehrter Zaun da. Tiefe Schnittverletzungen seien kaum vermeidbar.

Sobald die Flüchtlinge einmal auf spanischem Boden angelangt sind, werden sie nicht selten von der Guardia Civil abgefangen und umgehend nach Marokko zurückgeschickt, so Böffgen. Das ist eine klare Verletzung der Genfer Flüchtlingskonvention, die ein Recht auf die Eröffnung eines Asylverfahrens an der Grenze fordert und auch des spanischen Ausländerrechts.[29] Milborn spricht davon, dass ein Flüchtling, der den ersten Zaun überwunden hat und auf europäischem Territorium steht, „üblicherweise zurückgeschickt [wird]“. Sie schildert dazu einen Fall der „Ärzte ohne Grenzen“. Eine Patrouille der Guardia Civil griff am 3. Januar 2005 einen Kameruner zwischen den damaligen beiden Zäunen auf. Die Beamten hätten ihm die Hände auf den Rücken gefesselt, ihn bewusstlos geprügelt und ihn durch eine Tür auf die marokkanische Seite des Zaunes zurückgeworfen.

Zu den Menschenrechtsverletzungen unmittelbar an der Grenze kommen Deportationen von Flüchtlingen in die Sahara durch die marokkanischen Behörden. So berichtet Milborn davon, dass etwa 1.200 von denen, die es beim großen Ansturm 2005 nicht über den Zaun schafften, mit Handschellen aneinander gekettet in Bussen an die algerische Grenze mitten in die Sahara gebracht wurden. „‘Ärzte ohne Grenzen’, die dem Konvoi nachgefahren waren, spürten über 200 umherirrende Flüchtlinge auf, doch viele verdursteten. Noch wochenlang berichteten Mitglieder der ‘Frente Polisario’, die im Süden Marokkos für die Unabhängigkeit der Saharauis kämpft, von Leichenfunden.“[30] Im Film von Goldstein berichtet der Migrant Bandou Keita, der in Marokko an

[28] vgl. Pro Asyl (Hg.): „Tag des Flüchtlings 2007“, 32, abgerufen im Internet unter: http://www.proasyl.de/fileadmin/proasyl/fm_redakteure/Archiv/HTdF_Hefte/Webversion_Heft_komplett.pdf
[29] vgl. ebd., 40f.
[30] Milborn 2006, 13

der spanischen Grenze zurückgewiesen wurde, dass „Kameraden" in der Wüste ausgesetzt wurden. „Es gab Verletzte, denen man Arme oder Beine gebrochen hatte und die nicht mehr laufen konnten. Sobald man sie in die Sahara geworfen hatte, mussten sie dort verharren und auf den Tod warten."[31]

Der Europäische Flüchtlingsrat (European Council on Refugees and Exiles, ECRE) kritisiert, Spanien missbrauche sein bereits vor längerer Zeit mit Marokko geschlossenes Rückübernahmeabkommen, um subsaharische Flüchtlinge abzuschieben, ohne dass ihre Fluchtgründe zuvor geprüft wurden.[32]

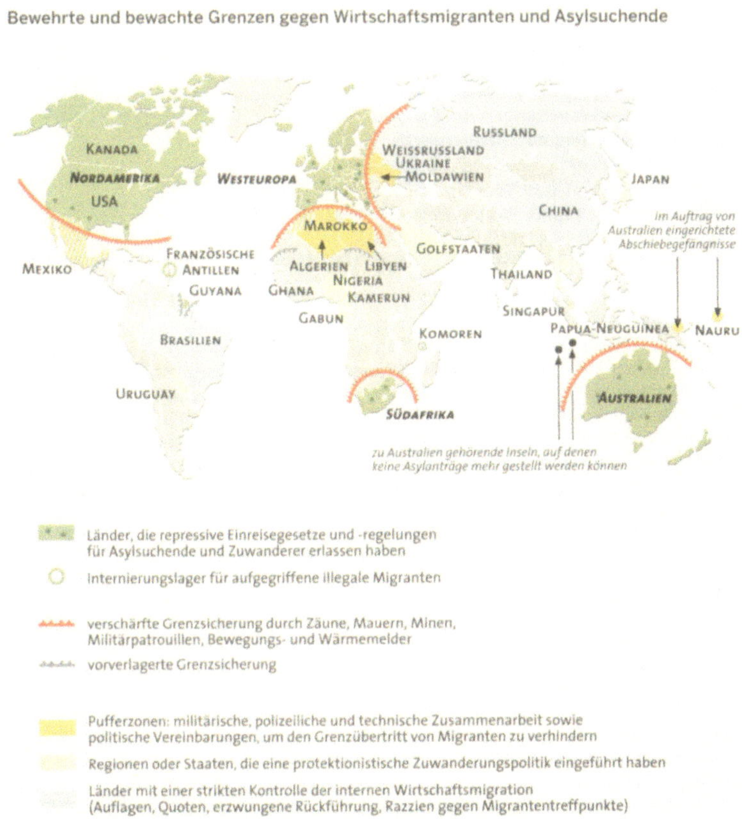

Abbildung 1: „Le Monde diplomatique" / taz Verlags- und Vertriebs GmbH 2006, 50

---

[31] vgl. im Anhang: « 'Au clair de la lune...' - … »… Transkription von Untertiteln

[32] vgl. Pro Asyl: Newsletter 105, Oktober 2005, abgerufen im Internet unter: http://www.proasyl.de/de/informationen/newsletter-nr-105/index.html#c821

Nach den bedrückenden Vorkommnissen an der spanisch-marokkanischen Grenze (ohne auf die vielen Flüchtlinge, die jährlich in der Straße von Gibraltar ertrinken, einzugehen), geht es im nächsten Abschnitt um die Flüchtlingsproblematik im Zusammenhang mit Lampedusa (Italien).

2.2 Lampedusa

Nach Darstellung Milborns gibt es eine Liste der dokumentierten Todesfälle von Migranten und Flüchtlingen, die beim Versuch der Einreise nach Europa gestorben sind[33]. Für den Zeitraum 1993 bis April 2005 ergab sich die Zahl 6.366, wovon 90 Prozent auf Todesfälle auf See entfallen. Es wird davon ausgegangen, dass jede dritte Leiche gefunden wird. Diese Angaben rechtfertigen wohl die Bezeichnung „Todesfalle Mittelmeer“ (Milborn).[34] Der Newsletter „Migration und Bevölkerung“ berichtete 2003, dass jedes Jahr mehrere hundert Menschen beim Versuch, von Nordafrika nach Spanien oder Italien zu kommen, ertrinken. Spanien sei immer seltener das Ziel. Aufgrund des Schengener Abkommens sei die Grenze zwischen Spanien und Marokko eine Hochsicherheitsgrenze geworden. Immer noch gelinge zahlreichen Migranten die Einreise auf den Kanarischen Inseln, jedoch sei das Hauptzielland Italien. Die italienische Küstenwache (Guardia Costiera) greife täglich überfüllte Flüchtlingsboote auf und müsse sie häufig aus Seenot retten.

Die italienische Insel Lampedusa südlich von Sizilien und südwestlich von Malta ist Europas südlichster Punkt und näher an Tunesien als an Italien gelegen. Daher ist sie eines der am meisten bevorzugten Ziele der boat people im Mittelmeer. Milborn gibt die Einwohnerzahl der Insel mit 6.000 an, jährlich würden 150.000 Touristen dort Urlaub machen. 1992 seien die ersten 71 boat people gerettet und an Land gebracht worden.

[33] Unite, abgerufen im Internet unter: www.united.non-profit.nl/pdfs/deathlist2005.pdf (See- und Landweg), hier nach Milborn 2006, 43

[34] Milborn 2006, 42f.

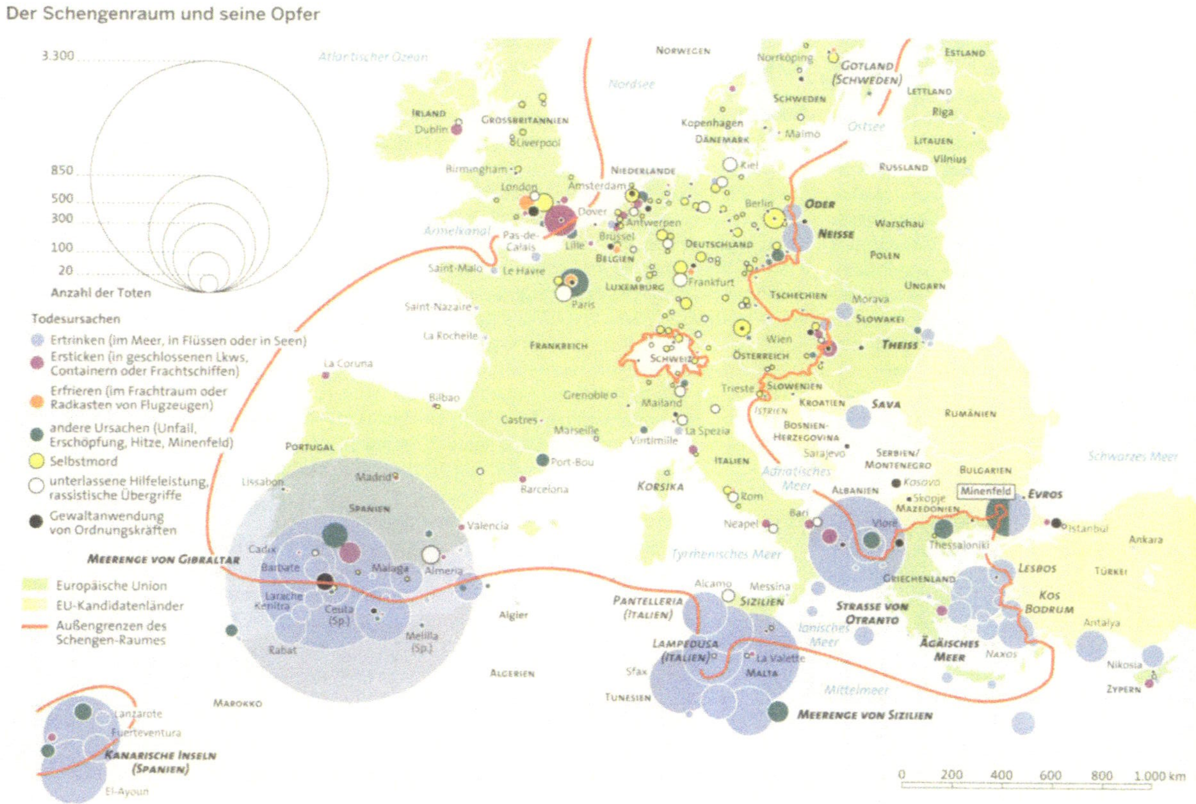

Abbildung 2: „Le Monde diplomatique“ / taz Verlags- und Vertriebs GmbH 2006, 60

Mittlerweile ist ein Flüchtlingslager auf Lampedusa eingerichtet. Es wird von den Carabinieri und der Hilfsorganisation „Misericordia" geführt. Weder Nichtregierungsorganisationen noch Anwälte, Parlamentarier oder das UN-Hochkommissariat für Flüchtlinge hätten zu dem Lager Zugang, berichtet Milborn über den damaligen Stand. Das Lager ist nach Milborn für 200[35], nach dem Newsletter „Migration und Bevölkerung" (2003) für 250 Insassen ausgelegt. Es würde inzwischen 500 Personen beherbergen, so der Newsletter damals. „Die neu Ankommenden werden daher umgehend aufs Festland gebracht."[36] Milborn berichtet aus der Zeit nach dem Newsletter-Artikel, dass seit Oktober 2004 kaum jemand das Lager in Richtung Italien verlassen habe. In diesem Monat habe die erste Massenabschiebung nach Libyen stattgefunden. Über 1.200 Personen seien ohne Prüfung der Fluchtgründe per Flugzeug nach Libyen transportiert worden. Italien wendet dabei einen Trick an: Da die Boote oft schon in internationalen Gewässern abgefangen werden, handle es sich um keine Abschiebung, sondern um eine Abweisung an der Grenze. Milborn kritisiert, dass dabei verschwiegen wird, dass man auch an der Grenze um Asyl ansuchen kann, und dass zahlreiche Abgeschobene die Grenze sehr wohl überschritten hatten. Da die Abschiebungen also im Widerspruch zur Genfer Flüchtlingskonvention standen, protestierte das UN-Flüchtlingshochkommissariat. Trotzdem fänden seither, unter großer Geheimhaltung, regelmäßig solche Massenabschiebungen statt.[37] Mitte Mai 2005 war es laut einem Bericht von „Migration und Bevölkerung" zu Aufständen im Lager gekommen, weil damals einmal innerhalb von 24 Stunden über 1.000 Migranten eingetroffen seien und es in der Folge zu katastrophalen Zuständen, besonders im Hygienebereich gekommen sei.[38]

---

[35] ebd., 55f.

[36] „Mittelmeerraum: Wieder zahlreiche Bootsflüchtlinge gelandet", aus: „Migration und Bevölkerung" 6/2003, nur im Internet, abgerufen unter: http://www.migration-info.de/migration_und_bevoelkerung/artikel/030608.htm

[37] Milborn 2006, 56f.

[38] „Aufstände auf Lampedusa", aus: „Migration und Bevölkerung" 6/2005, abgerufen im Internet unter: http://www.migration-info.de/migration_und_bevoelkerung/artikel/050608.htm

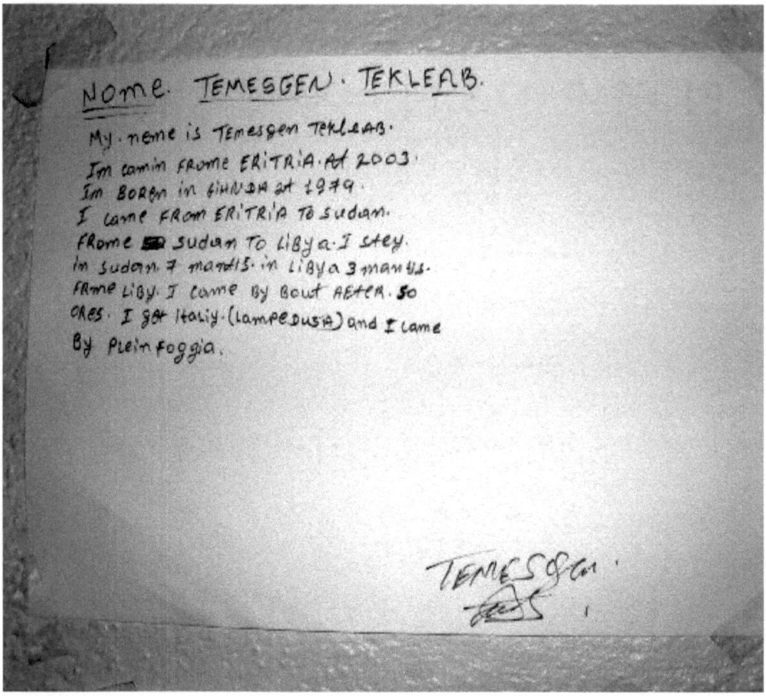

Abbildung 3: Flüchtlingszeugnis in Sovereto, Italien[39]

Milborn schrieb zwar, dass selbst Parlamentariern der Zugang auf Lampedusa verwehrt war, allerdings dürfte es am 28. Juni 2005 einen Besuch von EU-Parlamentariern im Lager gegeben haben. Judith Gleitze von Pro Asyl zitiert aus einer E-mail der Europaabgeordneten Gabi Zimmer an sie. Die Abgeordnete beschreibt darin die Zustände auf Lampedusa als skandalös. Kurz vor der Ankunft der Besuchergruppe seien mindestens 800 Menschen aus dem Lager, das für 190 Personen ausgelegt sei, weggebracht worden, ohne dass die Betroffenen Auskunft darüber bekommen hätten, wo sie hinkommen. Zimmer berichtet außerdem, dass das Lager über längere Zeit überbelegt werde, und dass Menschen im Freien auf Beton schlafen müssten, oft nur mit einem Handtuch ausgestattet. Zum Waschen stünde ein dünnes Rinnsal mit Meereswasser zur Verfügung. Trotz großer Hitze hätten die Lagerinsassen tagsüber zu zweit nur eine gemeinsame 1-Liter-Flasche Wasser ausgehändigt bekommen. Ein Arzt unter den Abgeordneten habe die Ausstattung der

[39] Gleitze / Schultz 2006, 26, abgerufen im Internet wie oben angegeben

Krankenstation als katastrophal beschrieben, grundlegende Medikamente und Verbandsmaterial seien nicht vorhanden.[40]

Nach dieser Lagebeschreibung an Grenzen zwischen Europa und Afrika mit besonderer Brisanz nun zur Politik, mit welcher der illegalen Migration in Italien begegnet wird.

3. Die Politik Italiens

Italien war nach dem zweiten Weltkrieg bis Mitte der siebziger Jahre Nettoauswanderungsland. Danach wanderten mehr Menschen ein als aus – Italien wurde zum Einwanderungsland, in den neunziger Jahren zum Haupteinwanderungsland Südeuropas[41] und musste mit dieser Situation zurecht kommen.

3.1 Die Gesetzeslage

Currle weist zu Beginn ihrer Ausführungen über maßgebliche gesetzliche Regelungen in Italien auf einen „[strukturellen] Widerspruch zwischen gesetzlichen Normen und deren Umsetzung“ hin.[42] Sie zitiert Zincone, die sogar meint, dass „[this] discrepancy [...] between laws and their administrative implementation is typical of the Italian political system.“[43]

Das Bewusstsein für das Problem illegaler Einwanderer dürfte sich in Italien im Laufe der 1980er Jahre durchgesetzt haben. Currle schreibt, dass zwischen 1984 und 1989 etwa 700.000 bis 800.000 Migranten nach Italien kamen und ein großer Teil von ihnen keine Aufenthaltsgenehmigung bekam. – „Die Notwendigkeit migrations- und integrationspolitischer Maßnahmen wurde deutlich, denn die Zuwanderer dieser Zeit kamen in ein Land mit nur rudimentärer migrationsrelevanter Gesetzgebung.“[44] Puggioni meint dazu: „It was not before mid-1980s that the country stated to realise that an immigration policy needed to be formulated […]”.[45]
Historisch betrachtet wurde der erste Versuch einer Einwanderungsgesetzgebung in Italien 1931 gemacht, schreibt Ventrella McCreight, welche die Gesetzgebung aus der strafrechtlichen

[40] „E-Mail der Europaabgeordneten Gabi Zimmer nach dem Besuch im Lager Lampedusa am 28.6.05“, aus: Flüchtlingsrat Brandenburg: Italia-Info 16.9.2005, o. S., abgerufen im Internet unter: http://www.proasyl.de/fileadmin/proasyl/fm_redakteure/Newsletter_Anhaenge/105/Italien_info.pdf
[41] vgl. Currle 2004, 281f.
[42] vgl. ebd., 285
[43] Zincone 1995, 139, hier nach Currle 2004, 285
[44] Currle 2004, 282
[45] Puggioni 2006, 173

Perspektive betrachtete. Einwanderung wurde damals als Problem der öffentlichen Ordnung erkannt. Darüber hinaus wurden nach dem Strafgesetzbuch Ausländer abgeschoben, die zu Gefängnisstrafen von einem Jahr oder darüber verurteilt wurden oder Straftaten gegen den italienischen Staat begingen. Nach einem Dekret von 1948 (Dekret 50/1948) machte sich strafbar, wer die Identität eines Ausländers oder Staatenlosen nicht innerhalb von 24 Stunden den Sicherheitsbehörden meldete. Das Gesetz 152 von 1975 sieht vor, dass Migranten abgeschoben werden, die nicht nachweisen können, dass sie sich selbst versorgen können.[46]

Die darauf folgende Gesetzgebung ab den 1980er Jahren wird bei Puggioni[47] als eigentlicher Startpunkt der Einwanderungsgesetzgebung in Italien gesehen und Currle geht nicht auf Gesetze vor 1986 ein. Das Dekret 416/89 von 1989 definierte zum ersten Mal den Status von Flüchtlingen. Es wurde in das Gesetz 39/90 von 1990 (Legge Martelli) übergeführt, welches eine gesetzliche Wende für die Asylverfahren bedeutete, worauf weiter unten noch eingegangen wird. Mit dem Dekret 489 von 1995 wurde die Vorgabe, dass ein Migrant nachweisen musste, dass er sich selbst versorgen konnte, wieder abgeschafft. Deshalb meint Ventrella McCreight, dass der soziale Aspekt über den bestrafenden bis dahin überwog. Nach ihren Angaben begann der bestrafende Aspekt mit dem Dekret 286 von 1998 prioritär zu werden. Der oberste Gerichtshof (Corte di Cassazione) habe das Dekret 286/1998 als repressiv im Vergleich zu vorangegangenen Gesetzen befunden.[48]

Dekret 286 gilt für Nicht-EU-Bürger und Staatenlose. Es sieht die Bestrafung von Personen, die Drittstaatlern die Einreise nach Italien ermöglichen, mit bis zu drei Jahren Gefängnis und einer Strafe von bis zu 30 Millionen Lire vor. Wenn die Straftat von drei oder mehr Personen begangen wird oder mit dem Ziel von finanziellem Gewinn und die Einreise von fünf oder mehr Personen beinhaltet, dann sieht das Dekret eine Gefängnisstrafe zwischen vier und zwölf Jahren und den Geldbetrag von 30 Millionen Lire pro geschmuggelter Person vor. Polizeiliche und juristische Zusammenarbeit auf EU-Ebene waren im Dekret 286 nicht ausdrücklich verankert.

Mit dem Beginn des entsprechenden Prozesses der Zusammenarbeit auf EU-Ebene ab 2002 wurde eine Modifizierung der Bestimmungen von 1998 nötig. Im Gesetz 189/2002 (Legge Bossi-Fini) heißt es dann, dass bei bilateralen Programmen nichthumanitärer Natur mit Nicht-EU-Ländern zur Kooperation und Unterstützung die Regierung Kooperation seitens dieser Staaten bei der Vorbeugung gegen illegale Migrationsflüsse und kriminelle Aktivitäten anrechnet. Somit erscheint das Gesetz von 2002 klarer, was die internationale Zusammenarbeit anbelangt, als das von 1998.

[46] Ventrella McCreight 2006, 143f.
[47] vgl. Puggioni 2006, 173
[48] Ventrella McCreight 2006, 144f.

Außerdem betont das Bossi-Fini-Gesetz spezieller den Abschluss von Rückführungsabkommen. Nach dem Gesetz wurden 39 Rückführungsabkommen mit Drittländern abgeschlossen, womit es die Initiativen der Europäischen Kommission zu Rückführungsabkommen aufgriff.[49] Ventrella McCreight zitiert hier Peers und schließt sich ihm an, wenn er sagt „[...] that EU policies on immigration, including readmission agreements, are '... unbalanced, inhumane, and internally contradictory'“[50]. Drittens betone das Gesetz die Kooperation mit anderen EU-Mitgliedsländern, weil es ausdrücklich den Schengen Acquis zitiere. In ihren weiteren Erläuterungen zum Bossi-Fini-Gesetz macht Ventrella McCreight deutlich, dass es sich dabei um eine gute Grundlage zur Umsetzung von EU-Recht und des Zusatzprotokolls zum Menschenhandel der United Nations Convention against Trans-national Organized Crime (UNTOC) handelt.[51]

Currle behandelt die Gesetzeslage thematisch, unter anderem nach den Punkten „Einreise und Aufenthalt“ und „Asyl und Flucht“. Unter „Einreise und Aufenthalt“ weist Currle auf das gerade behandelte Bossi-Fini-Gesetz von 2002 hin und schreibt, dass seitdem nur noch Drittstaatler nach Italien einwandern dürften, die bereits über einen gültigen Arbeitsvertrag verfügen. Zuvor habe die Praxis gegolten, dass eine Aufenthaltserlaubnis innerhalb der ersten acht Tage des Aufenthalts beim zuständigen Polizeipräsidium (Questura) beantragt werden konnte.

Im Martelli-Gesetz von 1990 sei zum ersten Mal eingeführt worden, dass jedes Jahr im Oktober die Zuwanderungszahlen für den Bedarf an Arbeitskräften aus Nicht-EU-Staaten für das kommende Jahr in einer Quote per Dekret festgelegt werden. In der Planung der Quote spielten folgende Kriterien eine Rolle: Die volkswirtschaftliche Entwicklung, die Entwicklung des Arbeitsmarktes und die Aufnahmekapazität von Sozial- und Universitätssystem. Außerdem müsse arbeitslosen Ausländern, die bereits in Italien sind, Vorrang eingeräumt werden.

Bis 1997 habe die Quote immer bei Null gelegen, wobei der Familiennachzug, Asylzuzug und Kriegs- und Bürgerkriegsflüchtlinge aus Jugoslawien und Somalia sowie Flüchtlinge aus Albanien nicht miteingerechnet wurden. Für 1998 nennt Currle die Quote von 27.000, für 1999 von 58.000 für die Arbeitskräfte aus Nicht-EU-Staaten. Die für 2000 festgelegte Quote von 63.000 sei bereits im Juni erreicht worden. Durch den Arbeitskräftemangel im Niedriglohnsektor stellte sich die Quote als Mittel dar, den Bedarf der Industrie an niedrig qualifizierten Arbeitskräften zu decken. Besonders in den Industriezentren Norditaliens fänden sich nicht mehr genug Einheimische für

[49] ebd., 146ff.
[50] Peers: „Readmission Agreements and EC External Migration Law“, aus: "Statewatch" Nr. 17, abgerufen im Internet unter: http://www.statewatch.org/news/2003/may/readmission.pdf, 18.03.2005, hier nach Ventrella McCreight 2006, 148
[51] vgl. Ventrella McCreight 2006, 148ff.

unattraktive Arbeitsplätze. Zunehmend spiele auch die demographische Entwicklung eine Rolle, da Italien eine der niedrigsten Geburtenraten der Welt sowie einen hohen Prozentsatz an Älteren hat. Seit 2002 falle die Erhebung und Höhe der Quote ins Ermessen der Regierung, die Quote ist nicht mehr obligatorisch, sondern fakultativ.[52]

Von besonderem Interesse ist hier, was Currle zum Punkt „Asyl und Flucht" schreibt. In Artikel 10 der italienischen Verfassung sei das Recht auf Asyl verankert, es stehe unter Gesetzesvorbehalt. Das Asylrecht gilt demnach für Ausländer, die in ihrer Heimat an der Ausübung demokratischer Freiheiten gehindert werden. Ein einschlägiges Gesetz existiere nach wie vor nicht, die Verfahrenspraxis habe aber normative Bedeutung. Italien verfahre nach den Vorgaben der Genfer Flüchtlingskonvention (dem aufmerksamen Leser wird nicht entgehen, dass bereits andere Quellen erwähnt wurden, beispielsweise Milborn, die das Gegenteil beklagen). Bis 1990 habe die Flüchtlingskonvention nur Anwendung auf Flüchtlinge aus Europa gefunden. Das Martelli-Gesetz aus 1990 schaffte den geographischen Vorbehalt ab.

Die Prüfung der Asylanträge erfolgte zwischen 1990 und 2002 bei der Zentralkommission für Gewährung des Flüchtlingsstatus (Commissione centrale per il riconoscimento dello stato di rifugiato). Das Bossi-Fini-Gesetz modifizierte auch den Asylbereich und ersetzte die zentrale Kommission durch lokale Kommissionen.

Während ihres Verfahrens dürften Asylbewerber in Italien nicht arbeiten. Es werde nur für einen sehr kurzen Zeitraum finanzielle Unterstützung gewährt. Anerkannte Flüchtlinge erhielten keine reguläre materielle Unterstützung oder Eingliederungshilfen, seien aber italienischen Staatsangehörigen beim Recht auf Bildung und Arbeit, auf Gesundheitsversorgung und soziale Leistungen gleichgestellt.[53]

Gleitze / Schultz, die Interviews mit Flüchtlingsorganisationen, Wissenschaftlern und Lagerinsassen in Italien führten, schreiben über das Gesetz von 2002, dass es durch vier „massive Verschärfungen" charakterisiert sei. Erstens werden die Identifikationszentren für Asylsuchende (Centri d'identificazione, CDI) eingeführt. Zweitens gibt es zum einen eine normale Asylprozedur und zum anderen eine vereinfachte für Asylsuchende in einem CDI. Drittens sollen die (oben als lokale Kommissionen erwähnten) territorialen Kommissionen in Gorizia, Mailand, Rom, Foggia, Syrakus, Trapani und Crotone eingeführt werden. Viertens gibt es eine aufschiebende Wirkung im

[52] Currle 2004, 286f.
[53] vgl. Currle 2004, 288

Klageverfahren nur mehr, wenn der Präfekt im Einzelfall zustimmt.[54] Im nächsten Abschnitt 3.2 wird der Autor näher auf die praktischen Auswirkungen der Gesetze eingehen.

2001 gab es den Versuch, ein Asylgesetz einzuführen, doch bevor es zu einer Entscheidung kam, löste der Präsident das Parlament auf und es kam zu Neuwahlen, aus denen der rechtsgerichtete Silvio Berlusconi als Sieger hervorging.[55]

Im folgenden Unterkapitel wird die praktische Handhabung des Rechts insbesondere gegenüber den boat people betrachtet. Dabei kommt es zu eben dem Missverhältnis von Recht und Umsetzung, das oben erwähnt wurde.

3.2 In der Praxis: Chaos mit Kalkül?

Gleitze / Schultz beklagen, dass Asylanträge, die entweder bei den Polizeidienststellen an der Grenze oder den Quästuren (Polizeipräsidien, Sitz der Ausländerbehörden) gestellt werden können, dort häufig nicht angenommen werden oder lange liegen bleiben. Falls ein Asylantrag angenommen wird, werde er an die zuständige territoriale Kommission weitergeleitet. Nur wenige dieser Kommissionen funktionierten, so dass Asylsuchende weite Anfahrten, zum Teil durch ganz Italien in Kauf nehmen müssten. Die Fristen im Verfahren würden nach ihren Erfahrungen nie eingehalten, so Gleitze / Schultz.[56] Auch Puggioni kritisiert die Polizei, wenn sie von der Nichtweitergabe von Informationen zum Asylverfahren und einer generell festgestellten Gleichgültigkeit in der Einstellung der polizeilichen Kräfte schreibt. Weiter berichtet sie, dass Ausweisungsverfügungen automatisch ausgestellt wurden, sogar wenn Flüchtlinge aus Ländern kamen, die für Menschenrechtsverletzungen wohlbekannt waren. Indirekt unterstellt Puggioni auch strukturellen Rassismus.[57] Denn sie berichtet davon, dass Kurden tendenziell ins Land gelassen wurden und ihnen Zugang zum Asylverfahren gestattet wurde, während Albaner, Roma und Maghrebiner (Nordafrikaner) bald abgeschoben und Chinesen unverzüglich abgewiesen wurden.[58]

Für die Unterbringung von Flüchtlingen und Asylsuchenden gilt das Sistema nazionale di protezione. Wärend das alte PNA-Projekt (programma nazionale asilo, nationales Asylprogramm) ca. 2.000 Plätze in kommunalen Wohnungen und kleineren Einrichtungen vorgesehen habe, sieht

[54] vgl. Gleitze / Schultz 2006, 6, abgerufen im Internet wie oben angegeben
[55] vgl. ebd.
[56] vgl. ebd., 6f.
[57] Puggioni 2006, 179
[58] Consorzio Italiano di Solidarietà: "Dossier Nausicaa. Primo Quadro sulla Tutela del Diritto d'Asilo in Italia", Dezember 2000, unveröffentlichtes Papier, 22 und 25, hier nach Puggioni 2006

das neue Sistema nazionale di protezione vor allem die CDI, also eine Heimunterbringung vor. [59] Von den im Gesetz vorgesehenen bis zu zwischen sieben und elf CDI „[...] scheinen jedoch nur in Crotone in Kalabrien und in Siracusa auf Sizilien CDI eingerichtet worden zu sein.“ Die Kommissionen seien direkt an sie angegliedert und tagten in den CDI.[60] Die CDI seien genauso geschlossen wie die Abschiebehaftanstalten. Von außen gebe es keinen Zugang, was die Beratung und Betreuung durch unabhängige Anwälte und Organisationen massiv erschwere. Die Unterbringung im CDI bedeute, dass es sich bei dem Asylsuchenden um einen Illegalen handle, für den nur noch das vereinfachte (Eil-)Verfahren gelte. Durch das neue Gesetz gibt es fast nur noch Eilverfahren, in denen die Klagemöglichkeit eingeschränkt ist. Neben den CDI gibt es weitere Aufnahmezentren, auf die weiter unten eingegangen wird.

Die Kommissionen erteilen nach Gleitze / Schultz bei Anerkennung und zum subsidiären Schutz der Asylsuchenden Aufenthaltserlaubnisse.[61] Unter Personen mit Anspruch auf „subsidiären Schutz“ seien Staatenlose und Drittstaatenangehörige zu verstehen, welche die Voraussetzungen für die Anerkennung als Flüchtling nicht erfüllen, jedoch stichhaltige Gründe für die individuelle Bedrohungsannahme vorgebracht haben (Richtlinie 2004/83/EG), berichtet „Migration und Bevölkerung“.[62]

Was die Zusammensetzung der Kommissionen angeht, so bestehen sie aus je einem Vertreter der Präfektur, der Quästur, der Polizei, des Innenministeriums und des UNHCR. Der Jurist Fulvio Vassallo Paleologo von der Universität Palermo habe alle Mitglieder als nicht unabhängig bezeichnet. Einige der Gesprächspartner von Gleitze / Schultz hätten über den UNHCR sogar geäußert, dass er dafür verantwortlich sei, dass die Anhörungsverfahren immer noch „so restriktiv“ gehandhabt werden. Wegen mangelnder Finanzierung konnte der UNHCR-Vertreter während der Italienreise von Gleitze / Schultz wochenlang nicht anwesend sein (Stand April 2006).

Als größte Probleme bei den Anhörungen stellten Gleitze / Schultz heraus:

- „Keine garantierte Anwesenheit eines Dolmetschers, mit dem sich der Flüchtling wirklich verständigen kann (oftmals nur englisch oder französischsprachige Dolmetscher);
- Anhörungsdauer im Durchschnitt 5 -10 Minuten pro Person;

[59] vgl. Gleitze / Schultz 2006, 7, abgerufen im Internet wie oben angegeben
[60] vgl. ebd., 8
[61] vgl. ebd., 7
[62] vgl. „EU: Initiativen in den Bereichen Migration und Grenzschutz“, aus „Migration und Bevölkerung“ 5/2007, nur im Internet, abgerufen unter: http://www.migration-info.de/migration_und_bevoelkerung/artikel/070508.htm

- Meist keine Anwesenheit von RechtsanwältInnen, da die Flüchtlinge oft keinerlei Informationen über das Verfahren und ihr Recht auf einen Anwalt erhalten haben;
- Anwesenheit von Botschaftspersonal der Herkunftsländer."

Grundlage für die Befragung durch die Kommission ist das Erstinterview bei der Polizei.[63] Giorgio Bisagna, Rechtsanwalt und Koordinator für den CIR (Italienischer Flüchtlingsrat) in Sizilien, meine, dass das Problem nicht so sehr im Zugang zum Verfahren, sondern zum einen darin, dass die Flüchtlinge in nicht zugängliche Zentren gesperrt werden, zum anderen, dass die Rechtsanwälte, welche die Flüchtlinge vertreten könnten, bezahlt werden müssten. „Das Skandalöseste an diesem System ist, dass es keinen effektiven Rechtsbeistand gibt."[64] Zu abgelehnten Asylbewerbern äußert sich der Autor noch gegen Ende dieses Abschnitts.

[63] vgl. Gleitze / Schultz, 19f., abgerufen im Internet wie oben angegeben
[64] Giorgio Bisagna im Interview am 27.4.2006 in Palermo, hier nach Gleitze / Schultz 2006, 21, abgerufen im Internet wie oben angegeben

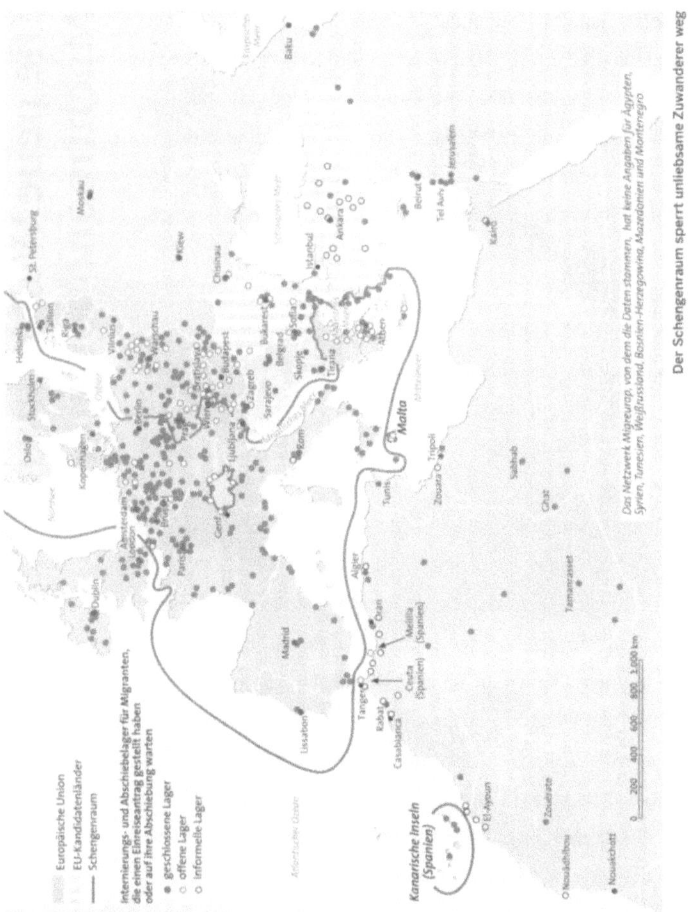

Abbildung 4: „Le Monde diplomatique" / taz Verlags- und Vertriebs GmbH 2006, 51

Die nötige Verlängerung einer Aufenthaltserlaubnis der Kommission ist langwierig und kann nur bei der Quästur beantragt werden, die bei der Einreise zuständig war, was wiederum eine lange Anreise bedeuten kann. „Abgelehnte Asylsuchende kommen entweder in Abschiebungshaft oder werden mit einem so genannten foglio di via (Ausreise-/Abschiebungsverfügung) auf die Straße gesetzt und haben Italien innerhalb von 5 Tagen zu verlassen." Wenn man die Abschiebungsanordnung in die Hand bekommt, könne gegen die Entscheidung geklagt werden. Die Anordnung erhielten viele Flüchtlinge prophylaktisch sofort nach ihrer Ankunft, noch vor einer Antragstellung, wobei es mit dem neuen Gesetz keine aufschiebende Wirkung mehr gebe! Nun sei es in der vereinfachten Prozedur möglich, innerhalb von fünf Tagen eine weitere Anhörung vor der

Kommission, die abgelehnt hat, zu bekommen. Dabei sei es unwahrscheinlich, dass die Kommission ihre Entscheidung widerruft. Die zweite Möglichkeit ist, dass der Asylsuchende mit Hilfe eines Anwalts, den er selber bezahlen muss, innerhalb von 15 Tagen einen Antrag auf aufschiebende Wirkung beim zuständigen Präfekten einreicht. Allerdings muss die Entscheidung dann innerhalb von 15 Tagen nach der Kommissionsentscheidung vorliegen, was ebenfalls unwahrscheinlich sei. Die Asylsuchenden befinden sich also in einer nahezu aussichtslosen Situation.

Nach der Unterbringung im CDI kümmern sich Kirchen, Wohlfahrtsverbände und sonstige Organisationen um die Versorgung der Flüchtlinge. Diese sind allerdings nicht in der Lage, alle Flüchtlinge aufzunehmen. Eine offiziell vorgesehene 45-tägige finanzielle Beihilfe durch den Staat werde vielfach nicht ausgezahlt.[65]

Insgesamt gebe es eine Vielzahl vorgesehener Aufnahmezentren für Flüchtlinge. Erstaufnahmezentren sind die Centri di Prima Accoglienza (CPA). Asylsuchende werden weitergeleitet in die CDI. Abgelehnte Asylsuchende können seit 1998 (Gesetz des Mitte-Links-Bündnisses „l'Olivo") in ein Abschiebungsgefängnis (Centro di Permanenza Temporanea e Assistenza, CPT) verlegt werden. Die maximale Haftdauer habe sich mit dem Bossi-Fini-Gesetz von 30 auf 60 Tage erhöht. Auch Flüchtlinge ohne Aufenthaltsstatus, die einen Asylantrag stellten, aber bereits einen foglio di via erhielten, kommen in ein CPT. Betreiber der CPTs sind kirchliche Organisationen und das Rote Kreuz. Die Bewachung haben die staatlichen Sicherheitskräfte inne. Nur selten fänden Asylsuchende nach ihrer Anhörung im CDI Aufnahme in einer der kommunalen Einrichtungen (Zentrum der Zweitaufnahme, Centro di Seconda Accoglienza).[66] Das aktuelle System mit knapp 2.000 Plätzen decke nur 6,76 Prozent des Bedarfs.[67] Zum Teil sind kombinierte Zentren aus CPA, CDI und/oder CPT eingerichtet.

Weiter berichten Gleitze / Schultz über die Ankunft der Flüchtlinge auf Lampedusa, dass sie nach dem Gesetz nach der Landung innerhalb von 48 Stunden für einen längeren Aufenthalt in ein anderes Zentrum auf das Festland gebracht werden müssten. Die beiden Autorinnen zitieren hierzu Vassallo Paleologo:

„Lampedusa wird auch, je nach den momentanen Umständen, als CPA gewertet, wenn eine Person festgehalten wird. Aus Gründen der Notfallhilfe in einem CPA können mehr als 48 Stunden

[65] Gleitze / Schultz 2006, 7, abgerufen im Internet wie oben angegeben
[66] ebd., 8f.
[67] ICS (Consorzio Italiano di Solidarietà): La protezione negata (2005), S.137, hier nach Gleitze / Schultz 2006, 8, abgerufen im Internet wie oben angegeben

vergehen – hier ist die Grenze zwischen 'Festhalten' und 'Aufnehmen' sehr dünn, oftmals gar nicht existent."[68]

Die chaotischen Zustände illustriert auch eine Äußerung des Anwalts Francesco Vizza über das kombinierte Zentrum Sant'Anna in Crotone nach Gleitze / Schultz:

„Also, die unterschiedliche Unterbringung ist ein formaler Aspekt. Sant'Anna ist ein sehr großes Territorium, das in die Bereiche A, B, C, D aufgeteilt ist. Die A-Zone ist ein CPA, aber es kommt auch darauf an, wie viele Menschen kommen: Wenn zum Beispiel 500 auf einmal ankommen, reicht die Zone A natürlich nicht aus. Und auch die Zone B wird zum CPA. Es ist sowieso alles ähnlich."[69]

Gleitze / Schultz führten ein Interview mit der seit 2003 auf Sizilien aktiven Organisation MSF (Medici senza Frontieri, Ärzte ohne Grenzen), die sich sowohl die gesundheitliche Versorgung der Ankommenden als auch die Beobachtung der Ankunfts- und Aufnahmesituation insgesamt zur Aufgabe gemacht habe. MSF wird von der Gesundheitsbehörde (ASL) bei einer Anlandung zu den jeweiligen Örtlichkeiten eines Transitaufenthalts gerufen, vom denen aus die Flüchtlinge auf die jeweiligen Zentren verteilt werden. Ein MSF-Vertreter berichtet über einen solchen Ort, einen Flugzeug-Hangar, im Interview:

„[...] Manchmal kommen 200 oder so auf einmal an. Der Hangar in Pozzallo ist sehr groß. Der kann so viele Menschen aufnehmen. [...] Das ist ein Ort, der juristisch gar keinen Status hat, der nicht existiert. [...] Einmal haben sie in einer Schule 170 Leute eingesperrt. In zwei, drei kleine Räume."[70]

Was abgelehnte Asylbewerber angeht, so schildere das Asyl-Fachbuch „La Protezione Negata" (Der verweigerte Schutz) folgendes Verfahren für Italien als normal:

„Kommissionen halten sich an Standardformulierungen, entscheiden nach Ethnien, ohne individuelle Prüfung, berufen sich auf angebliche Widersprüche, die jedoch nach dem 'ausführlichen' Erstinterview und der dann noch 'tiefer greifenden' Anhörung wohl kaum belegbar sind. Oftmals beeinflussen die außenpolitischen Gegebenheiten die Entscheidung, so die AutorInnen. Nach der Ablehnung und der ergangenen Abschiebungsverfügung bleibt nur die Klage gegen diese Verfügung. Da diese aber keine aufschiebende Wirkung hat, kann beim Präfekten die aufschiebende Wirkung beantragt werden, das Klageverfahren abzuwarten. Für diese Zeit benötigt man aber auch eine Aufenthaltserlaubnis, da der Flüchtlinge [sic!] ja sonst illegal während des Klageverfahrens ist. Diese muss man aber bei eben jenem Richter beantragen, bei dem auch die Klage anhängig ist. Faktisch bedeutet dies, die meisten bleiben ohne Aufenthaltserlaubnis und haben nur die Kopie der Klagebegründung bei sich. Da dies nicht als Aufenthaltstitel zählt, laufen viele Gefahr, bei Kontrollen erfasst und abgeschoben zu werden."[71]

Der Anwalt Vincenzo Medici aus Crotone berichtete von einem seiner Klienten, dessen Fall „bezeichnend für das Bossi-Fini-System" sei. Bei seiner Ankunft in Italien habe er eine

[68] Fulvio Vassallo Paleologo im Interview am 01.05.2006 in Palermo, hier nach Gleitze / Schultz 2006, 9, abgerufen im Internet wie oben angegeben

[69] Francesco Vizza im Interview am 21.4.2006 in Crotone, hier nach Gleitze / Schultz 2006, 11, abgerufen im Internet wie oben angegeben

[70] MSF, 25.04.2006, hier nach Gleitze / Schultz 2006, 9, abgerufen im Internet wie oben angegeben

[71] ICS (Consorzio Italiano della Solidarietà): "La protezione negata" (2005), S. 73f., hier nach Gleitze / Schultz, 23, abgerufen im Internet wie oben angegeben

Abschiebungsverfügung erhalten. Seine Anhörung vor der Kommission wurde abgelehnt. Darauf saß er 60 Tage in Haft, anschließend erhielt er die übliche Aufforderung zur Ausreise innerhalb von fünf Tagen. Der Klient wurde aufgegriffen, kam wieder 60 Tage in Haft, kam wieder frei, und so fort.[72] „Sobald der Asylantrag abgelehnt ist, werden Asylsuchende sofort zu Irregulären, es gibt keine Duldung in Italien", zitieren Gleitze / Schultz Karen Basile von der Beratungsstelle der Gewerkschaft UIS/UIL in Palermo.[73]

Eine besondere Situation ergibt sich für die unbegleiteten minderjährigen Flüchtlinge. Sie werden oft von den Behörden „älter gemacht" und zusammen mit anderen Flüchtlingen in die Zentren gesteckt. Da es kaum geeignete Unterbringungsmöglichkeiten für sie gibt, vagabundieren sie häufig durchs Land und können so Opfer von Ausbeutung und sexuellem Missbrauch werden. Näheres ist in dem Bericht von Gleitze und Schultz zu erfahren.[74]

Am Ende der Kurzversion ihres Berichts schreiben Gleitze / Schultz, Tag für Tag führe die italienische Praxis der Entrechtung von Flüchtlingen mit ihrer spezifischen Mischung aus Willkür und politisch gewünschtem Chaos das internationale Flüchtlingsrecht ad absurdum. „Die EU-Staaten, Partner im Prozess der europäischen Harmonisierung des Asylrechts, schweigen dazu. Es ist das Schweigen von Komplizen."[75]

4. Die EU-Politik

Nach einer Flüchtlingskatastrophe im Oktober 2003, als italienische Fischer 14 Flüchtlinge von einem Boot retteten, die als einzige unter rund hundert Insassen überlebten, forderte Ministerpräsident Berlusconi vor dem Europäischen Parlament die Solidarität der übrigen Mitgliedsstaaten ein: „Wir können unsere Augen vor diesen Flüchtlingstragödien nicht verschließen. Das reiche, christliche Europa muss überlegen, wie es die aufnimmt, die hier eine Zukunft suchen." Und der italienische Innenminister Giuseppe Pisanu sprach sich neben gemeinsamen Grenzkontrollen für gemeinsame Einwanderungsquoten sowie verstärkte Wirtschaftshilfe für die Herkunftsländer aus.[76] Diese Äußerungen klingen nach hehren Zielen und

[72] Vincenzo Medici im Interview am 21.04.2006 in Crotone, hier nach Gleitze / Schultz 2006, 23, abgerufen im Internet wie oben angegeben

[73] Karen Basile im Interview in Palermo am 27.04.2006, hier nach Gleitze / Schultz 2006, 23, abgerufen im Internet wie oben angegeben

[74] vgl. Gleitze / Schultz 2006, 29-32, abgerufen im Internet wie oben angegeben

[75] Gleitze / Schultz: „In den Zonen der Rechtlosigkeit", abgerufen im Internet unter: http://www.proasyl.de/de/italien/italiens-asylsystem/index.html, 20.12.2007

[76] „Italien: Hilfe bei Grenzsicherung gefordert", aus: „Migration und Bevölkerung" 9/2003, abgerufen im Internet unter: http://www.migration-info.de/migration_und_bevoelkerung/artikel/030906.htm

einer ambitionierten Politik, die das Problem bei der Wurzel packt. Im Folgenden soll ein kurzer Überblick darüber gegeben werden, wie sich die EU-Migrationspolitik entwickelte und speziell die EU-Grenzschutzagentur Frontex zur Sprache kommen.

4.1 Vereinheitlichung des Migrationsrechts

Bade beschreibt, wie sich die europäische Migrationspolitik als eine Abwehrpolitik zur Sicherung der EU-Außengrenzen gegen Flüchtlinge entwickelte. Seit den späten 1980er Jahren hätten sich „Abwehrhaltungen und ein Verständnis von Migrationspolitik als Sicherheitspolitik" verstärkt. Bade beginnt in Deutschland mit dem „Asylkompromiss" von 1992. Damit hätten die Erstasylland-Klausel und safe country-Doktrin in das deutsche Grundrecht auf Asyl Einzug gehalten. „Seither hat in aller Regel keine Chance mehr auf Asyl in Deutschland wer aus 'verfolgungsfreien' Ländern kommt oder über 'sichere Drittstaaten' einreist – mit denen sich Deutschland durch einseitige Erklärungen lückenlos umgeben hat."

Die deutschen Restriktionen hätten andere europäische Staaten zu ebenfalls restriktiven Anpassungen genötigt, um ein Ausweichen von Asylsuchenden auf ihr eigenes Territorium zu begrenzen. Bade spricht hier von „Kettenreaktionen in einer zusammenwachsenden negativen Koalition der Abwehr". Diese allein hätten aber nach Bade kaum zu supranationalen Konzepten der Abwehr geführt. Diese begründeten sich dadurch, dass Integration nach Innen (Entgrenzung innerhalb der EU) zur Abgrenzung nach außen führt „wegen der steigenden, [...] sogenannten 'Vulnerabilität' durch Migration als Gefahr".

Der Weg zum gemeinsamen Asyl- und Einwanderungsrecht der EU sei noch immer weit, schreibt Bade 2000. Er identifiziert zumindest vier Großformen der Zuwanderungsmuster, die sich aus vielfältigen Reglementierungen, Beschränkungen und Verboten seit den 1990er Jahren für Drittstaatler ergeben:

- Familiennachzug
- Privilegierte Migrationsbeziehungen
- Arbeitswanderung (Elitenmigration und Migration Unterprivilegierter)
- Migration von Flüchtlingen und Vertriebenen

Die Familienzuwanderung entfalte sich zunehmend auf Kosten anderer Gruppen, weil sie nur diejenigen einschließe, die schon enge Verbindungen zum Zielland haben, eingehen wollen („Heiratsmigration") oder für ihre Kinder durch Geburt im Land zu schaffen suchen

(„Geburtsmigration“). Zu den privilegierten Migrationsbeziehungen zählen nach Bade postkoloniale Zuwanderungen oder auch die Zuwanderung von „Aussiedlern“ und im geringeren Maße Juden aus der GUS nach Deutschland. Zum Bereich der Arbeitswanderung gehören – in der Regel ohnehin mobile – Funktionseliten, die als politisch unbedenklich bzw. für Migrationskontrolle irrelevant gelten. An der Basis der Pyramide befinden sich dagegen die Repräsentanten einer meist befristet zugelassenen Arbeitswanderung, die in Arbeitsbereiche und Beschäftigungsverhältnisse führt, für die Einheimische nicht mehr zu gewinnen sind.

Was die vierte Form der Flüchtlinge und Vertriebenen angeht, so schreibt Bade: „Die Zäune um die ‘Festung Europa’ sind höher geworden. Die Suche nach irregulären Zugängen und der Kampf dagegen wurden zu zentralen Themen der europäischen Migrationsdiskussion.“[77] Der Autor wird auf die politischen Rahmenpläne auf EU-Ebene hier nicht speziell eingehen, zugunsten der nachfolgenden Abschnitte, deren Themen zum Teil kritischen Widerhall bei Flüchtlings- und Menschenrechtsorganisationen fanden.

.

4.2 Die Grenzschutzagentur Frontex

EU-Kommissar für Justiz und Inneres Franco Frattini sprach bei seiner Rede beim Treffen der Außen- und Innenminister der Mittelmeerstaaten in der EU 2006 von einem zweizackigen („two-pronged“) Zugang zur Bekämpfung illegaler Einwanderung aus Afrika auf dem Meer. Erstens müsse eine Serie von operationalen und politischen Maßnahmen zur Bekämpfung illegaler Einwanderung, Sicherstellung des Schutzes von Flüchtlingen und einer verstärkten Kontrolle und Überwachung der maritimen Grenzen gestartet werden. Zweitens müsse ein politisches Rahmenwerk zusammen mit den Herkunfts- und Transitländern in Afrika entwickelt werden.

Darauf kommt Frattini mit den operationalen und politischen Maßnahmen, die kurzfristig ergriffen werden können, auf die Agentur Frontex zu sprechen. Frontex habe eine enorme Arbeit bei der Koordination der Grenzschutzoperationen bei den Kanarischen Inseln und im zentralen Mittelmeer geleistet. Frattini fordert die Mitgliedsstaaten auf, für einen signifikanten Anstieg des Frontex-Budgets in den folgenden Jahren zu sorgen.[78] Das Budget stieg von 2006 auf 2007 von 19,2 auf 35,2 Millionen Euro[79], worauf eine Verdoppelung auf 70 Millionen für das aktuelle Jahr 2008

---

[77] vgl. Bade 2000, 16-19
[78] vgl. Schluss der Rede von Franco Frattini am 29.09.2006 in Madrid, abgerufen im Internet unter: http://ec.europa.eu/commission_barroso/frattini/archive/speech_29_09_06_en.pdf
[79] vgl. Frontex / Finance, abgerufen im Internet unter: http://www.frontex.europa.eu/finance/

folgte[80]! Dagegen dümpelt die finanzielle Ausstattung des Europäischen Migrationsnetzwerks EMN zur Koordination der Sammlung und Analyse von Daten zu Migration und Asyl bei drei Millionen Euro für 2006 herum.[81]

Was ist nun diese Agentur Frontex? Frontex ist die "European Agency For The Management Of Operational Cooperation At The External Borders Of The Member States Of The European Union (FRONTEX)", also die EU-Grenzschutzagentur.

„Frontex ist unter anderem für die Koordination von Patrouillen zu Wasser und in der Luft zuständig, um Einreisewillige in ihren Booten vor den Küsten abzufangen. In Zusammenarbeit mit betroffenen EU-Staaten bereitet Frontex auch die Rückführung von aufgegriffenen Migranten vor."[82]

Frontex wurde gegründet mit der EU-Ratsverordnung 2007/2004 vom 26. Oktober 2004 und hat seinen Sitz seit 26. April 2005 in Warschau, im selben Jahr wurde auch die Arbeit aufgenommen.[83] Im Februar 2007 berichtet „Migration und Bevölkerung" von der bis dato umfangreichsten Frontex-Operation bei den Kanarischen Inseln unter Beteiligung von sieben EU- bzw. Schengen-Staaten zwischen Juli und Dezember 2006. Im Rahmen von „Hera I" seien rund 19.000 Personen erfasst worden, die illegal einreisten. Bei „Hera II", dem zweiten Modul dieser Operation, sollten die Flüchtlinge bereits am Verlassen der afrikanischen Küstengewässer gehindert werden. Frontex patrouillierte vier Monate lang mit Schiffen und Flugzeugen an den Küsten Senegals, Mauretaniens, der Kapverden und der Kanarischen Inseln. Insgesamt seien dabei mehr als 3.500 Migranten an der Überfahrt gehindert worden.[84]

Was die Gewässer zwischen Sizilien und Afrika angeht, so berichtet die Organisation „Fortress Europe" von den Frontex-Operationen „Nautilus I" (5. bis 15. Oktober 2006) und „Nautilus II" (25. Juni bis 27. Juli 2007 und 10. September bis 14. Oktober 2007). Italien, Malta, Frankreich, Griechenland, Deutschland, Portugal und Spanien seien beteiligt gewesen. Der Plan, den Frattini bereits ausgesprochen habe, sei, permanente Luft- und Seepatrouillen ab 2008 in libyschen Gewässern durchzuführen, unter der Aufsicht von Frontex. Die Rückführung von Flüchtlingen, die auf See aufgegriffen wurden, nach Libyen, sei erklärtes Ziel.[85] Ein Vorläuferprogramm zu den Frontex-Operationen war das Neptun-Projekt im zentralen und östlichen Mittelmeer, bei dem ab

[80] vgl. Fortress Europe 2007, 3, abgerufen im Internet wie oben angegeben
[81] vgl. Kommission der Europäischen Gemeinschaften 2005, 5, abgerufen im Internet unter: http://ec.europa.eu/justice_home/doc_centre/immigration/docs/com_2005_606_de.pdf
[82] „Migration und Bevölkerung" 1/2007, 4, abgerufen im Internet unter: http://www.migration-info.de/migration_und_bevoelkerung/archiv/ausgaben/ausgabe0701.pdf
[83] vgl. Frontex / Legal basis, abgerufen im Internet unter: http://www.frontex.europa.eu/legal_basis/
[84] „Migration und Bevölkerung" 1/2007, 4, abgerufen im Internet wie oben angegeben
[85] vgl. Fortress Europe 2007, 3, abgerufen im Internet wie oben angegeben

September 2003 Italien, Deutschland, Griechenland, Malta, Zypern, Frankreich und das Vereinigte Königreich mit gemeinsamen Einsätzen von Luft- und Wasserfahrzeugen teilnahmen.[86]

Im Mai 2007 wurde das europäische Grenzpatrouillen-Netz (European Patrols Network, EPN) durch Frontex gegründet. Ihm gehören die Mittelmeer-Staaten Frankreich, Griechenland, Italien, Malta, Portugal, Slowenien, Spanien und Zypern an. Nach einer Phase der Koordination der Patrouillen durch Frontex sollen in einer zweiten Phase Koordinierungszentren ausgebaut werden, die für bestimmte Küstenabschnitte zuständig sind. Interessierte Drittstaaten sollen später in das Netzwerk integriert werden, oben wurde bereits Libyen als erster Partner 2008 erwähnt.

Im April 2007 beschloss das Europäische Parlament eine Verordnung über Soforteinsatzteams, die von Mitgliedsstaaten in Ausnahme- und Notsituationen, und zwar bei einem massiven Zustrom von illegalen Migranten angefordert werden können.[87] In „Migration und Bevölkerung" vom August 2006 war bereits die Rede von Einsatzteams mit 250 bis 300 Grenzschutzbeamten und Fachleuten, die innerhalb von zehn Tagen mobilisierbar sein sollen.[88] Bei der Soforteinsatz-Team-Verordnung handle es sich um einen Kompromiss zwischen dem Europäischen Parlament, der EU-Kommission und dem Europäischen Rat, hieß es dann 2007. Das Europäische Parlament habe den Entwurf der Kommission vor allem durch Zusätze hinsichtlich der Wahrung der Menschenrechte sowie der notwendigen Solidarität der Mitgliedstaaten untereinander ergänzt.[89]

Unter Verweis auf ein Gutachten kritisierten die Menschenrechtsorganisation Amnesty International und die bereits erwähnte Flüchtlingshilfsorganisation Pro Asyl anlässlich des Tags des Flüchtlings im September 2007, Frontex missachte mit seiner Flüchtlingsabwehr menschen- und flüchtlingsrechtliche Verpflichtungen der EU-Staaten. Auch außerhalb der Territorien der EU-Staaten – auch auf hoher See jenseits der 12-Meilen-Zone – seien die Grenzschützer an Flüchtlings- und Menschenrechte gebunden. Auf dem Meer aufgegriffene Flüchtlinge hätten demzufolge das Recht, einen

Asylantrag zu stellen. Sie dürften auch nicht zurückgeschoben werden, wenn ihnen möglicherweise Verfolgung oder Misshandlung droht. „Flüchtlinge einfach an der Weiterfahrt zu hindern oder

[86] vgl. Cuttitta 2004, 133

[87] „EU: Initiativen in den Bereichen Migration und Grenzschutz", aus „Migration und Bevölkerung" 5/2007, nur im Internet, abgerufen wie oben angegeben

[88] „Migration und Bevölkerung" 6/2006, 3, abgerufen im Internet unter: http://www.migration-info.de/migration_und_bevoelkerung/archiv/ausgaben/ausgabe0606.pdf

[89] „EU: Initiativen in den Bereichen Migration und Grenzschutz", aus „Migration und Bevölkerung" 5/2007, nur im Internet, abgerufen wie oben angegeben

zurückzuschleppen, ist also verboten. Sie haben ein Recht darauf, in den nächsten sicheren europäischen Hafen gebracht zu werden", so Günter Burkhardt, Geschäftsführer von Pro Asyl.[90]

Konkrete Fragen aus dem Deutschen Bundestag zum Abdrängen von Booten und zur Praxis beim Abfangen von Schiffen würden von der deutschen Bundesregierung unpräzise und ausweichend beantwortet, so Burkhardt in seinem Statement zum entsprechenden Pressegespräch am 27. September 2007 in Berlin. Was parlamentarische Anfragen zu Frontex angeht, so ziert sich anscheinend auch der Rat der Europäischen Union, diese zu beantworten. Auf eine Vielzahl detaillierter Fragen zur Rolle von Frontex bei Sammelcharterflügen zur Abschiebung antwortete er der deutschen Bundestagsabgeordneten Angelika Beer (Bündnis 90/Die Grünen) folgendermaßen: „Der Rat möchte die Frau Abgeordnete darauf hinweisen, dass die von ihr erbetenen speziellen Informationen und Angaben nicht verfügbar sind." Darauf folgen noch zwei Absätze zur Rechtsstellung von Frontex etc., dabei beließ es der Rat.[91]

Die ausweichende Beantwortung der parlamentarischen Anfragen durch die deutsche Bundesregierung wäre ein Grund für die Stiftung Pro Asyl, Amnesty International und das Forum Menschenrechte gewesen, das Gutachten „Menschen- und flüchtlingsrechtliche Anforderungen an Maßnahmen der Grenzkontrolle auf See" in Auftrag zu geben. Als Negativbeispiel nannte Burkhardt das Vorgehen der italienischen Küstenwache in einem Fall am 10. September 2007 (also im Zeitraum von „Nautilus II"). Tunesische Fischer hätten 44 Flüchtlinge aus dem Sudan, Somalia, Eritrea und Marokko von einem havarierten Schlauchboot gerettet. Die Küstenwache solle versucht haben, längsseits zu gehen, um das Boot der Fischer zum Abdrehen zu bringen, und zur Rückkehr nach Tunesien aufgefordert haben. Bereits auf See sei den Fischern ihre Verhaftung angekündigt worden, falls sie die Flüchtlinge nach Lampedusa bringen. Im angestrengten Prozess gegen die Fischer wegen Schleusung stellte sich heraus, dass die Küstenwache auf Anordnung handelte und einen Befehl ausführte. Pro Asyl erfuhr die Details aus diesem Fall über den bereits oben im Zusammenhang mit Italien erwähnten Fulvio Vassallo Paleologo von der Universität Palermo. Burkhardt spricht zwar davon, dass Frontex feinere Methoden anwende, diese seien aber ebenso klar rechtswidrig.[92]

---

[90] vgl. Pressemitteilung Amnesty International, Sektion der Bundesrepublik Deutschland, abgerufen im Internet unter: http://www.proasyl.de/fileadmin/proasyl/fm_redakteure/Europa/Frontex/Fluechtlingstag_27Sep07__2_.pdf

[91] vgl. Rat der Europäischen Union: Vorentwurf einer Antwort auf die schriftliche Anfrage E-3720/07 von Angelika Beer, abgerufen im Internet unter: http://www.proasyl.de/fileadmin/proasyl/fm_redakteure/Newsletter_Anhaenge/127/PE-QFRONTEX.doc

[92] vgl. „Auszug aus dem Statement zum Pressegespräch am 27. September 2007 in Berlin", abgerufen im Internet unter: http://www.proasyl.de/fileadmin/proasyl/fm_redakteure/Europa/Frontex/Statement_Pressegespraech_am_27_September__2_.pdf

Das Gutachten im Auftrag der Flüchtlingshilfs- und Menschenrechtsorganisationen wurde von Dr. Andreas Fischer-Lescano und Tillmann Löhr vom European Center for Constitutional and Human Rights (ECCHR) erstellt. In ihrer Zusammenfassung stellen Fischer-Lescano / Löhr unter anderem fest, dass Schutzbedürftige und Migranten, die bei der Überfahrt in Seenot geraten sind, entsprechend den Vorschriften des humanitären Seerechts behandelt werden müssen. Es sei verboten, die geretteten Personen in Drittländer zu bringen, in denen ein hinreichender Schutz nicht gewährleistet ist (refoulement-Verbot). Die Schutzsuchenden hätten einen Rechtsanspruch, in den nächsten sicheren Hafen auf europäischem Territorium gebracht zu werden.[93]

Das laut UNHCR „[oft] als Grundstein des internationalen Flüchtlingsschutzes [bezeichnete]“ refoulement-Verbot besagt nach der Genfer Flüchtlingskonvention, Artikel 33(1):

„Keiner der vertragschließenden Staaten wird einen Flüchtling auf irgendeine Weise über die Grenzen von Gebieten ausweisen oder zurückweisen, in denen sein Leben oder seine Freiheit wegen seiner Rasse, Religion, Staatsangehörigkeit, seiner Zugehörigkeit zu einer bestimmten sozialen Gruppe oder wegen seiner politischen Überzeugung bedroht sein würde.“[94]

Fischer-Lescano / Löhr schreiben abschließend, dass bei Einbeziehung von Drittstaaten in die europäischen Überwachungs- und Rettungsmaßnahmen für die Grenzschützer die Pflicht bestehe, die Schutzsuchenden und Migranten an einen sicheren Ort zu bringen, an dem insbesondere das refoulement-Verbot eingehalten wird: „Dies ist in den afrikanischen Transitstaaten nicht gewährleistet, weshalb die Verbringung auf das Territorium von EU-Mitgliedstaaten geboten ist.“[95] Demnach verstieß das für die Frontex-Mission 2006 in nordwestafrikanischen und Kanarischen Küstengewässern erklärte Ziel, „mit illegalen Migranten besetzte Boote aufzuspüren, abzufangen und zur afrikanischen Küste zurückzubegleiten“ („Migration und Bevölkerung“ 6/2006)[96] gegen grundlegendes internationales Recht.

Im letzten Abschnitt des Hauptteils geht der Autor nun noch auf die Verhältnisse im Zusammenhang mit Libyen, dem erwähnten Partner der EU und Italiens in Sachen illegaler Migration, ein.

---

[93] Fischer-Lescano / Löhr 2007, 30, hier nach Pro Asyl, abgerufen im Internet unter: http://www.proasyl.de/fileadmin/proasyl/fm_redakteure/Europa/Frontex/Gutachten_Geltung_MRe_auf_See_Sept._2007.pdf

[94] vgl. UNHCR 2007, 4, hier nach Pro Asyl, abgerufen im Internet unter: http://www.proasyl.de/fileadmin/proasyl/fm_redakteure/Newsletter_Anhaenge/123/Diplomatische_Zusicherungen.pdf

[95] vgl. Fischer-Lescano / Löhr 2007, 30, hier nach Pro Asyl, abgerufen im Internet wie oben angegeben

[96] „Migration und Bevölkerung“ 6/2006, 3, abgerufen im Internet wie oben angegeben

4.3 Der Fall Libyen: Ein Komplize der EU und Italiens

„Drittstaaten wie Libyen, Marokko, Mauretanien, der Ukraine, der Türkei etc. wird in einer zynischen Arbeitsteilung eine Türsteherfunktion vor den Toren der 'Festung Europa' zugewiesen", meint Karl Kopp von Pro Asyl in seinem Artikel zum Tag des Flüchtlings 2007. Er führt ein Beispiel für schwere Menschenrechtsverletzungen in diesen Drittstaaten auf. In Marokko seien zwischen Weihnachten 2006 und Neujahr 2007 über 400 subsaharische Flüchtlinge und Migranten festgenommen und an der algerischen Grenze ausgesetzt worden. Es sei zu schweren Misshandlungen durch algerische und marokkanische Sicherheitskräfte gekommen, bei denen mehrere Frauen vergewaltigt wurden und eine schwangere Frau ihr Baby verlor. „Diese Menschenrechtsverletzungen reihen sich ein in eine Kette von Gewaltaktionen gegenüber Schutzsuchenden in Marokko – und Europa schweigt und schaut weg."[97]

Ganz ähnlich lautet der Vorwurf den „The observatory on victims of migrations FORTRESS EUROPE" in seinem Bericht zur Lage von Transitmigranten in Libyen in diesem Zusammenhang ausspricht. In dem Report ("Escape from Tripoli") werden Vergehen und Verbrechen der Schleuser ("passeurs") als auch der libyschen Behörden gegen die Migranten in erster Linie aufgrund von Interviews aufgezählt: Missbrauch, Schikane, willkürliche Verhaftungen, Inhaftierung unter schlechten Bedingungen ohne Prozess, Folter, physische und sexuelle Gewalt, die Abschiebung von Flüchtlingen in ihr Herkunftsland und Deportationen mitten in die Wüste. Verbrechen, welche die EU vorgeblich nicht sehe, seitdem sie das refoulement von Migranten nach Libyen durch Frontex-Patrouillen erlaube.[98]

2004 hatte die italienische Regierung ein bilaterales Abkommen zur Bekämpfung illegaler Migration mit Libyen geschlossen, dessen Inhalt trotz der Anfragen von Parlamentariern nie offengelegt worden sei, so Silja Klepp im Heft von Pro Asyl zum Tag des Flüchtlings 2007.[99] Nach Angaben Milborns schloss Italiens Regierung bereits 2003 ein „Geheimabkommen" mit Libyen über Abschiebung und die Errichtung von Lagern.[100] Beide schreiben davon, dass eine EU-Mission nach Libyen später (Milborn: im April 2005) aufdeckte, dass zu dem Abkommen die Lieferung von technischer Ausstattung zur Grenzsicherung durch Italien gehörte, außerdem laut Milborn auch von Wolldecken, Matratzen und 1.000 Leichensäcken. Außerdem, so Milborn, bezahlte Italien 60

[97] vgl. Pro Asyl (Hg.): „Tag des Flüchtlings 2007", 33, abgerufen im Internet unter: http://www.proasyl.de/fileadmin/proasyl/fm_redakteure/Archiv/HTdF_Hefte/Webversion_Heft_komplett.pdf
[98] vgl. Fortress Europe 2007, 3f., abgerufen im Internet wie oben angegeben
[99] vgl. Pro Asyl (Hg.): „Tag des Flüchtlings 2007", 37, abgerufen im Internet wie oben angegeben
[100] vgl. Milborn 2006, 58f.

Abschiebeflüge aus Libyen in afrikanische und asiatische Staaten und finanziert seit 2003 ein Lager im Norden und zwei im Süden des Landes, bei den Städten Kufra und Sebha.

Libyen hat die Genfer Flüchtlingskonvention nicht unterschrieben. Der UNHCR ist in Tripolis, wird aber von Libyen nicht anerkannt und kann dementsprechend nicht frei arbeiten.[101] Das Land ist Teil der informellen 5+5-Konferenzen, an denen die fünf EU-Länder Portugal, Spanien, Frankreich, Italien und Malta und die fünf nordafrikanischen Länder Mauretanien, Marokko, Algerien, Tunesien und Libyen partizipieren. Die Gruppe befasse sich schon seit 1990 mit dem Thema der illegalen Wanderungsbewegungen im Mittelmeerraum, so der Menschenrechtsexperte der Universität Palermo Paolo Cuttitta.[102] Der Autor wird im letzten Abschnitt darauf zurückkommen. Über die 5+5-Konferenzen konnte der Autor im Internet kein Material finden, das über Allgemeinplätze hinausgeht.

Bereits im Dezember 2004 wurde laut Fortress Europe ein Bericht einer „technical mission" der EU nach Libyen veröffentlicht, der die erste Klage über die Bedingungen der Migranten dort beinhaltete: „It reported the arbitrary arrest of foreigners, abuses, collective deportations and the failure to recognise the right to asylum."[103] Der Bericht der EU-Mission konstatiere laut Klepp, dass es keinerlei Asylsystem in Libyen gibt. Dennoch komme der Bericht zu dem „überraschenden Ergebnis", dass die Zusammenarbeit mit Libyen wichtig und wünschenswert sei.

Die Mitglieder der Frontex-geführten technical mission der EU von 2007 können nicht als unabhängige Beobachter bezeichnet werden. Es handelte sich nach eigenen Angaben um vier Mitglieder von Frontex, einen Vertreter der Einwanderungsabteilung der maltesischen Polizei und einen italienischen Verbindungsoffizier in Tripolis, also sechs Teilnehmer. Der Bericht macht deutlich dass wohl kaum Interesse an humanitären Aspekten bestand, abgesehen von einem lapidaren Kommentar zum Asylrecht (Seite 9). Durchgehend im Vordergrund standen technische Aspekte der Grenzsicherung und der Zusammenarbeit Libyens mit Frontex.[104]

Über 22.000 Flüchtlinge gelangten 2006 über Libyen nach Italien, schreibt Klepp. Während noch in der jüngeren Vergangenheit Arbeitsmigranten mit einer offenen Einwanderungspolitik nach Libyen gelockt wurden, hat sich inzwischen extremer Rassismus gegen dunkelhäutige Einwohner breit

[101] vgl. European Commission 2004, 6, abgerufen im Internet unter: http://www.statewatch.org/news/2005/may/eu-report-libya-ill-imm.pdf, anscheinend nicht auf offiziellen EU-Homepages erhältlich
[102] vgl. Cuttitta 2004, 131f.
[103] vgl. Fortress Europe 2007, 4, abgerufen im Internet wie oben angegeben
[104] vgl. Frontex 2007, abgerufen im Internet unter: http://www.proasyl.de/fileadmin/proasyl/fm_redakteure/Newsletter_Anhaenge/130/eu-libya-frontex-report.pdf

gemacht und auch Zuwanderer, die schon lange in Libyen arbeiten, können sich nicht mehr sicher fühlen. Beispiele für die Situation auf den Straßen von Tripolis findet man auch im Report von Fortress Europe. Ein Jugendlicher aus Eritrea berichtet:

„If they attack you and you call the police, you're the one who is arrested. Against us, they are twice racist. We are black and Christian. I was walking with a friend, Goitom, in Tripoli, when a group of Libyan youths stopped us. They wanted to know what our names were. So we presented ourselves with Muslim names. I said I was called Muhammad and Goitom introduced himself as Mustafa. Then they asked us if we were Muslim. We said that we were, luckily we spoke Arabic well. Not convinced yet, they asked us to recite the Fatiha sura from Koran. I knew it, but Goitom remained silent. They let me go. I ran to hide behind a small wall. I heard shouting, they were beating him, they wanted money. Goitom had 900 dollars on him, they were meant for the journey. He tried to defend himself. But they stabbed him and took everything away from him. When they had left, he was already dead, in a pool of blood."

Ein Mann aus Nigeria berichtet davon, er sei Zeuge zweier Morde an jugendlichen Migranten auf Polizeistationen geworden.[105] Nach Verhaftungen durch die Polizei werden Migranten nach den Angaben Klepps sowohl per Flugzeug abgeschoben, als auch mit Lastwägen in die Wüste gebracht und dort ausgesetzt.

Die Abschiebungen von Italien nach Libyen seien aktuell seit dem Regierungswechsel ausgesetzt. Der weitere Weg der EU-Zusammenarbeit mit Libyen scheine dennoch vorgezeichnet, so Klepp. „Begünstigt durch die Vorreiterrolle Italiens schreitet die Kooperation der EU mit dem Gaddafi-Regime immer schneller voran."

4.4 Entwicklungshilfe: Erpressung oder die Lösung?

In dem im vorigen Abschnitt erwähnten Artikel beschreibt Cuttitta die 5+5-Gruppe folgendermaßen:

„Die Gruppe 5+5 will die legale Einwanderung und die Integration der Migranten fördern, die Auswanderung aus den Herkunftsländern durch Entwicklungshilfe eindämmen und die illegale Migration durch den Abschluss von Rückübernahmeabkommen zwischen der EU bzw. zwischen deren Mitgliedsstaaten und den Mittelmeerpartnern bekämpfen."[106]

Cuttitta beschreibt das Mittel der Entwicklungshilfe als politisches Druckmittel (hier Italiens) gegen die afrikanischen Drittstaaten. Einwanderungsquoten werden im Gegenzug gegen Rückübernahmeabkommen erhöht und Entwicklungshilfe wird dann gewährt, wenn die Länder in

[105] vgl. Fortress Europe 2007, 13 und 15, abgerufen im Internet wie oben angegeben
[106] vgl. Conclusions of the Euro-Mediterranean Mid-Term Meeting of Foreign Ministers, Crete, 26-27 May, 2003; Conclusions of the Euro-Mediterranean Conference of Ministers of Foreign Affairs, Naples, 2-3 December, 2003; Relevé des conclusions de la Présidence und Proposition de mise en œuvre de la Déclaration de Tunis la 2ème Conférence Ministérielle sur la Migration en Méditerranée Occidentale (Rabat, les 22 et 23 Octobre 2003), alle hier nach Cuttitta 2004, 132

puncto illegaler Migration kooperativ sind. Die betroffenen Länder besäßen dabei keine Verhandlungskraft, so dass sich die Direktorin der ghanaischen Einwanderungsbehörde empörte: „Zu fordern, entweder ihr nehmt eure Migranten wieder auf, oder wir bewerten die Entwicklungshilfe neu, grenzt an Erpressung.“[107]

Doch Entwicklungshilfe kann auch als Weg zur Bekämpfung des Problems an der Wurzel betrachtet werden, wie es in einem Artikel von Kevin John O'Connell, Master of Economic Science in European Economic and Public Affairs, anlässlich der Vorfälle in Ceuta und Melilla deutlich wird. Er fordert zum einen, dass die Wurzeln („root causes“) der Migration, Armut und Konflikte, angegangen werden müssen, zum anderen mahnt O'Connell, dass kurzfristig bei der Grenzsicherung die Menschenrechte eingehalten werden und weitere Zwischenfälle an den EU-Außengrenzen vermieden werden müssten.

Als eine Maßnahme einer globalen Auffassung von illegaler Migration sieht er auch Rückübernahmeabkommen und Erleichterung der Elitenmigration. Eine weitergehende Strategie "on the external dimension of the area of freedom, security and justice" der EU-Kommission vom 12. Oktober 2005[108] zielt drauf ab, Rechtsstaatlichkeit, demokratische Werte und gesunde Institutionen in die Entwicklungsländer zu tragen. Den Entwicklungsländern soll seitens der EU auch durch bessere Synergien zwischen den Rücküberweisungen der Emigranten und Entwicklungshilfe geholfen werden. O'Connell weist darauf hin, dass das Angehen der ökonomischen Grundursachen von Migration wahrscheinlich Generationen dauern wird. Es verlange von der EU, offen an Verbindungen zwischen Politikfeldern, speziell den ungünstigen Effekten der gemeinsamen Landwirtschaftspolitik auf die afrikanischen Ökonomien, heranzugehen.[109] Letzteres erscheint dem Autor ein ganz wichtiger Aspekt zu sein. Solange es keine Gerechtigkeit im Welthandel gibt, können die Entwicklungsländer auch nicht aus ihrer wirtschaftlichen Misere herausfinden. Das Fallenlassen von Handelshemmnissen für den Export von Agrarprodukten in die EU wird von Entwicklungsländern schon seit Jahren vergeblich gefordert.

---

[107] Im Interview mit der „Tageszeitung“, 18.08.2003, hier nach Cuttitta 2004, 134

[108] European Commission communication, "A Strategy on the External Dimension of the Area of Freedom, Security and Justice", 12 October 2005, abzurufen unter: http://www.europa.eu.int/comm/justice_home/news/intro/doc/com_2005_491_en.pdf, hier nach O'Connell 2005, o. S., abgerufen im Internet wie oben angegeben

[109] O'Connell 2005, o. S., abgerufen im Internet unter: http://www.monitor.upeace.org/archive.cfm?id_article=315, 03.01.2008

Wie geht es weiter?

O'Connell macht am Ende seines Artikels klar, dass wenn sich das Konzept der Rechtsstaatlichkeit und der Menschenrechte weltweit durchsetzen soll, sich die Einhaltung der Menschenrechte in der EU durchsetzen muss, nur so kann die EU als moralisches Beispiel in der Welt bestehen.

Cuttitta lässt in dieser Hinsicht keinen Optimismus zu, wenn er schreibt:

„Die Einbeziehung von Menschenrechtsbelangen in die transmediterranen Beziehungen wird sich nach Auffassung vieler Politiker eher zu einer Belastung für die internationale Zusammenarbeit in der Bekämpfung der Immigration entwickeln. Man befürchtet, dass die Wirksamkeit der angestrebten Grenzsicherungspolitik dadurch eingeschränkt wird."[110]

Das bestätigt eher die These des Autors, dass man die Festung Europa hochrüstet und den illegalen Migranten das Leben schwer macht.

Es bleibt zu hoffen, dass die Regierungen ihre Politik überdenken. Gute Ansätze wären zu sehen mit der Politik des „Exports" von Rechtsstaatlichkeit und dem Verbessern der Entwicklungshilfe. Solange es jedoch keine konsequente echte Entschuldung für die Entwicklungsländer gibt und an der verfehlten und ungerechten Welthandelspolitik festgehalten wird, fällt es schwer, an gute Absichten oder Einsichten zu glauben.

Vielleicht geht ja der Wunsch des Reggae-Musikers Tiken Jah Fakoly aus der Elfenbeinküste in Erfüllung, und die Jugend Europas wacht auf, und erhebt laut ihre Stimme gegen die Missstände in der Politik. Das wäre jedenfalls ganz im Sinne des Autors. Fakoly im Film „Au clair de la lune...":

„Ihr schottet Eure Grenzen ab, während Ihr selbst so selbstverständlich in unsere Länder kommt, als würdet Ihr zur Toilette gehen! Ihr kommt, wann Ihr wollt, fragt nach einem Visum und am nächsten Tag habt ihr es. Man stellt euch nicht zu viele Fragen. Ich finde das nicht gerecht, und ich hoffe daß die westliche Jugend aufwachen wird! [sic!][111]"

[110] Cuttitta 2004, 134

[111] vgl. im Anhang « 'Au clair de la lune...' - ... » ... Transkription von Untertiteln

Quellen

Monographien und Sammelbände

Bade, Klaus J. (2000): Europa und die Migration am Ende des 20. Jahrhunderts. Akademievorlesung gehalten am 4. Juli 2000 (= Berichte aus den Sitzungen der Joachim Jungius-Gesellschaft der Wissenschaften e.V., Hamburg, Jg. 18, Heft 5), Göttingen.

Currle, Edda (2004): Migration in Europa – Daten und Hintergründe (= europäisches forum für migrationsstudien (efms): Forum Migration, Band 8, Bamberg), Stuttgart.

Guild, Elspeth / Paul *Minderhoud* (Hg., 2006): Immigration and Criminal Law in the European Union. The Legal Measures and Social Consequences of Criminal Law in Member States on Trafficking and Smuggling in Human Beings (= *Guild*, Elspeth / Jan *Niessen* (Hg.): Immigration and Asylum Law and Policy in Europe, Band 9), Leiden, Boston.

Heckmann, Friedrich / Wolfgang *Bosswick* (Hg., 1995): Migration Policies: a comparative perspective (= europäisches forum für migrationsstudien (efms): Forum Migration, Band 1, Bamberg), Stuttgart.

ICS (Consorzio Italiano di Solidarietà, 2005): La protezione negata. Primo rapporto sul diritto di asilo in Italia

„Le Monde diplomatique“ / taz Verlags- und Vertriebs GmbH (Hg., 2006): Atlas der Globalisierung. Die neuen Daten und Fakten zur Lage der Welt, Berlin.

Milborn, Corinna (2006): Gestürmte Festung Europa. Einwanderung zwischen Stacheldraht und Ghetto. Das Schwarzbuch, Wien, Graz, Klagenfurt.

Artikel in Sammelbänden

Puggioni, Raffaela (2006): Looking for some coherence: Migrants in-between criminalisation and protection in Italy, in: *Guild*, Elspeth / Paul *Minderhoud* (Hg.): Immigration and Criminal Law in the European Union. The Legal Measures and Social Consequences of Criminal Law in Member States on Trafficking and Smuggling in Human Beings (= *Guild*, Elspeth / Jan *Niessen* (Hg.): Immigration and Asylum Law and Policy in Europe, Band 9), Leiden, Boston, 169-200.

Ventrella McCreight, Matilde (2006): Crimes of assisting illegal immigration and trafficking in human beings in Italian law: Illegal immigration between administrative infringement and criminal offence, in: *Guild*, Elspeth / Paul *Minderhoud* (Hg.): Immigration and Criminal Law in the European Union. The Legal Measures and Social Consequences of Criminal Law in Member States on Trafficking and Smuggling in Human Beings (= *Guild*, Elspeth / Jan *Niessen* (Hg.): Immigration and Asylum Law and Policy in Europe, Band 9), Leiden, Boston, 141-168.

Zincone, Giovanna (1995): Immigration to Italy: Data and Policies, in: *Heckmann*, Friedrich / Wolfgang *Bosswick* (Hg.): Migration Policies: a comparative perspective (= europäisches forum für migrationsstudien (efms): Forum Migration, Band 1, Bamberg), Stuttgart, 137-156.

Artikel in Zeitschriften

Cuttitta, Paolo (2004): „Africa ad portas? Italiens Migrationspolitik”, in: “Welt-Trends. Zeitschrift für internationale Politik und vergleichende Studien“ Nr. 45, 124-134

Kopp, Karl (2007): „Hart an der Grenze“, in: „Tag des Flüchtlings 2007“, 32-33, abgerufen im Internet am 21.12.2007 unter:
http://www.proasyl.de/fileadmin/proasyl/fm_redakteure/Archiv/HTdF_Hefte/Webversion_Heft_komplett.pdf

Klepp, Silja (2007): „Libyen – Partner für den europäischen Flüchtlingsschutz?", in: „Tag des Flüchtlings 2007", 37, abgerufen im Internet am 21.12.2007 unter: http://www.proasyl.de/fileadmin/proasyl/fm_redakteure/Archiv/HTdF_Hefte/Webversion_Heft_komplett.pdf

Böffgen, Kerstin (2007): „Endstation Grenzzaun", in: „Tag des Flüchtlings 2007", 40-41, abgerufen im Internet am 21.12.2007 unter: http://www.proasyl.de/fileadmin/proasyl/fm_redakteure/Archiv/HTdF_Hefte/Webversion_Heft_komplett.pdf

Artikel in E-mail-Newslettern

(2003) „Italien: Hilfe bei Grenzsicherung gefordert", nur im Internet, in: „Migration und Bevölkerung" Nr. 9, abgerufen im Internet am 19.10.2007 unter: http://www.migration-info.de/migration_und_bevoelkerung/artikel/030906.htm

(2003) „Mittelmeerraum: Wieder zahlreiche Bootsflüchtlinge gelandet", nur im Internet, in: „Migration und Bevölkerung" Nr. 6, abgerufen im Internet am 15.10.2007 unter: http://www.migration-info.de/migration_und_bevoelkerung/artikel/030608.htm

(2005) „Aufstände auf Lampedusa", in: „Migration und Bevölkerung" Nr. 6, „Kurzmeldungen - Europa", 4, abgerufen im Internet am 01.01.2008 unter: http://www.migration-info.de/migration_und_bevoelkerung/artikel/050608.htm,

(2005) „Marokko / Spanien: Massive Einreiseversuche in Exklaven", in: „Migration und Bevölkerung", Nr. 9, 1-2, abgerufen im Internet am 25.12.2007 unter: http://www.migration-info.de/migration_und_bevoelkerung/archiv/ausgaben/ausgabe0509.pdf

(2006) „EU: Kriseninterventionsteams und gemeinsame Patrouillen", in: „Migration und Bevölkerung" Nr. 6, 3, abgerufen im Internet am 06.01.2008 unter: http://www.migration-info.de/migration_und_bevoelkerung/archiv/ausgaben/ausgabe0606.pdf

(2007) „EU: Illegale Migration per Boot hält an", in „Migration und Bevölkerung" Nr. 1, 3-5, abgerufen im Internet am 05.01.2008 unter: http://www.migration-info.de/migration_und_bevoelkerung/archiv/ausgaben/ausgabe0701.pdf,

(2007) „EU: Initiativen in den Bereichen Migration und Grenzschutz", nur im Internet, in: „Migration und Bevölkerung" Nr. 5, abgerufen im Internet am 17.10.2007 unter: http://www.migration-info.de/migration_und_bevoelkerung/artikel/070508.htm

Peers, Steve (o. J.): „Readmission Agreements and EC External Migration Law", in: "Statewatch analysis" Nr. 17, abgerufen im Internet am 10.01.2008 unter: http://www.statewatch.org/news/2003/may/readmission.pdf

Pro Asyl (Hg., 2005): „ECRE bemängelt EU-Reaktion auf die Ereignisse in den spanischen Enklaven", in: Newsletter 105, o. S., abgerufen im Internet am 21.12.2007 unter: http://www.proasyl.de/de/informationen/newsletter-nr-105/index.html#c821

Internet (ohne Artikel in Zeitschriften und E-mail-Newslettern)

Amnesty International, Sektion der Bundesrepublik Deutschland, Pressemitteilung: „Zum Tag des Flüchtlings. Neues Gutachten: Flüchtlingsrechte gelten auch im Mittelmeer", abgerufen im Internet am 20.12.2007 unter: http://www.proasyl.de/fileadmin/proasyl/fm_redakteure/Europa/Frontex/Fluechtlingstag_27Sep07__2_.pdf

Burkhardt, Günter: „Auszug aus dem Statement zum Pressegespräch am 27. September 2007 in Berlin“, abgerufen im Internet am 20.12.2007 unter: http://www.proasyl.de/fileadmin/proasyl/fm_redakteure/Europa/Frontex/Statement_Pressegespraech_am_27_September__2_.pdf

European Commission (2004): „Technical Mission to Libya on Illegal Immigration 27 Nov – 6 Dec 2004. Report“, abgerufen im Internet am 07.01.2008 unter: http://www.statewatch.org/news/2005/may/eu-report-libya-ill-imm.pdf

European Commission communication (2005): "A Strategy on the External Dimension of the Area of Freedom, Security and Justice", 12 October 2005, abzurufen unter: http://www.europa.eu.int/comm/justice_home/news/intro/doc/com_2005_491_en.pdf

Fischer-Lescano, Andreas / Tillmann *Löhr* (2007): „Rechtsgutachten. Menschen- und flüchtlingsrechtliche Anforderungen an Maßnahmen der Grenzkontrolle auf See“, abgerufen im Internet am 20.12.2007 unter:
http://www.proasyl.de/fileadmin/proasyl/fm_redakteure/Europa/Frontex/Gutachten_Geltung_MRe_auf_See_Sept._2007.pdf

Fortress Europe (Hg., 2007): "Escape from Tripoli. Report on the Conditions of Migrants in Transit in Libya“, abgerufen im Internet am 21.12.2007 unter: http://www.statewatch.org/news/2007/nov/fortress-europe-libya-report.pdf

Frontex (2007): "Frontex-led EU Illegal Immigration Technical Mission to Libya 28 May-5 June 2007", abgerufen im Internet am 21.12.2007 unter:
http://www.proasyl.de/fileadmin/proasyl/fm_redakteure/Newsletter_Anhaenge/130/eu-libya-frontex-report.pdf

Frontex / Finance, abgerufen im Internet am 21.12.2007 unter:
http://www.frontex.europa.eu/finance/

Frontex / Legal basis, abgerufen im Internet am 21.12.2007 unter:
http://www.frontex.europa.eu/legal_basis/

Gleitze, Judith / Alice *Schultz*[112] (2006): „Zonen der Rechtlosigkeit. Eine Reise auf den Spuren der Flüchtlinge durch Süditalien“, abgerufen im Internet am 20.12.2007 unter:
http://www.proasyl.de/fileadmin/proasyl/fm_redakteure/Broschueren_pdf/Zonen_der_Rechtlosigkeit_04.pdf

Gleitze, Judith / Alice *Schultz*[113]: „In den Zonen der Rechtlosigkeit. Italiens Asylsystem ist geprägt von Willkür, Rechtsverweigerung und Isolation – oder – Eine Reise durch Süditalien auf den Spuren afrikanischer Flüchtlinge“, abgerufen im Internet am 20.12.2007 unter:
http://www.proasyl.de/de/italien/italiens-asylsystem/index.html

Kommission der Europäischen Gemeinschaften (2005): „Grünbuch über die Zukunft des europäischen Migrationsnetzes“, abgerufen im Internet am 08.12.2007 unter: http://ec.europa.eu/justice_home/doc_centre/immigration/docs/com_2005_606_de.pdf,

O'Connell, Kevin John (2005): "Fortress Europe: Ceuta and Melilla", abgerufen im Internet am 03.01.2008 unter:
http://www.monitor.upeace.org/archive.cfm?id_article=315

Rat der Europäischen Union: Vorentwurf einer Antwort auf die schriftliche Anfrage E-3720/07 von Angelika Beer, Betr.: „Sammelcharterflüge zur Durchführung von Abschiebungen“ abgerufen im Internet am 06.01.2008 unter:

[112] „Alice Schultz“ ist ein Deckname
[113] siehe Fußnote 113

http://www.proasyl.de/fileadmin/proasyl/fm_redakteure/Newsletter_Anhaenge/127/PE-QFRONTEX.doc

Rede des deutschen Innenministers Wolfgang Schäuble am 19. November 2007, abgerufen im Internet am 21.12.2007 unter:
http://www.bmi.bund.de/nn_662956/Internet/Content/Nachrichten/Reden/2007/11/BM__EuroMed.html

Rede von Franco Frattini (Schluss) am 29.09.2006 in Madrid, abgerufen im Internet am 08.12.2007 unter:
http://ec.europa.eu/commission_barroso/frattini/archive/speech_29_09_06_en.pdf,

Texeire, Fiona (2006): „At The Gate of Fortress Europe: Irregular Immigration and Malta", abgerufen im Internet am 22.12.2007 unter:
http://www.alternattiva.org.mt/filebank/documents/Fiona%20TEXEIRE-%20At%20the%20Gate%20of%20Fortress%20Europe.pdf

UNHCR (2007): „Anmerkungen von UNHCR zu diplomatischen Zusicherungen und Internationalem Flüchtlingsschutz", abgerufen im Internet am 06.01.2008 unter: http://www.proasyl.de/fileadmin/proasyl/fm_redakteure/Newsletter_Anhaenge/123/Diplomatische_Zusicherungen.pdf

www.united.non-profit.nl/pdfs/deathlist2005.pdf, ohne Datum

E-mail

„E-Mail der Europaabgeordneten Gabi Zimmer nach dem Besuch im Lager Lampedusa am 28.6.05", in: Flüchtlingsrat Brandenburg (Hg.): Italia-Info 16.9.2005, o. S., abgerufen im Internet am 21.12.2007 unter:
http://www.proasyl.de/fileadmin/proasyl/fm_redakteure/Newsletter_Anhaenge/105/Italien_info.pdf

Graue Literatur

Conclusions of the Euro-Mediterranean Mid-Term Meeting of Foreign Ministers, Crete, 26-27 May, 2003

Conclusions of the Euro-Mediterranean Conference of Ministers of Foreign Affairs, Naples, 2-3 December, 2003

Consorzio Italiano di Solidarietà (2000): "Dossier Nausicaa. Primo Quadro sulla Tutela del Diritto d'Asilo in Italia", unveröffentlichtes Papier

Relevé des conclusions de la Présidence und Proposition de mise en œuvre de la Déclaration de Tunis la 2ème Conférence Ministérielle sur la Migration en Méditerranée Occidentale (Rabat, les 22 et 23 Octobre 2003)

Kartenmaterial

Pro Asyl (Hg., o.J.): "Europa. Mit den wichtigsten Grenzübergängen"

Abbildungen

Abbildung 1, Seite 15:
nach Interviews mit Alain Morice (Abteilung „Immigration et société", Centre national de la recherche scientifique (CNRS), Paris) sowie mit Olivier Clochard (Migrinter, Piontiers) 2005

Abbildung 2, Seite 17:
Karte von Olivier Clochard (Migrinter, Poitiers) und « Le Monde diplomatique » / Quellen : United (www.unitedagainstracism.org) / Noborder (www.noborder.org/dead.php) / Migreurop (www.migreurop.org) / Association des familles de victimes de l'immigration clandestine (Afvic)

Abbildung 3, Seite 19:
Foto: Alice Schultz (Deckname), aus: *Gleitze*, Judith / Alice *Schultz* (2006): Zonen der Rechtlosigkeit. Eine Reise auf den Spuren der Flüchtlinge durch Süditalien, abgerufen im Internet am 20.12.2007 unter:
http://www.proasyl.de/fileadmin/proasyl/fm_redakteure/Broschueren_pdf/Zonen_der_Rechtlosigkeit_04.pdf

Abbildung 4, Seite 27:
Karte von Olivier Clochard (Migrinter, Poitiers) / Daten zahlreicher Quellen des Netzwerks Migreurop / UNHCR 2005 / Stefano Liberti, „il manifesto"

Abbildungen 1, 2 und 4 hier nach Philippe Rekacewicz, aus:
„Le Monde diplomatique" / taz Verlags- und Vertriebs GmbH (Hg., 2006): Atlas der Globalisierung. Die neuen Daten und Fakten zur Lage der Welt, Berlin.

Anhang

Dokumentarfilm « Au clair de la lune… », Transkription von Untertiteln

„'Au clair de la lune...' – Realitès françafricaines", Dokumentarfilm, Burkina Faso, Elfenbeinküste, Mali, Marokko, 2005/06, mit englischen, französischen und deutschen Untertiteln, Buch, Regie, Kamera: Leona Goldstein

einige Untertitel / Einblendungen:

„Die Elfenbeinküste ist der weltgrößte Kakaoproduzent. Auch Kaffe und Erdöl machen das Land zu einem 'Interessensgebiet'. Im Jahr 2005 fielen 75% der gesamten Produktionsgewinne an französische Unternehmen."

„Die Brüsseler EU-Kommission hat in den letzten Jahren rund eine Milliarde Dollar pro Tag für Agrarssubventionen [sic!] ausgegeben. Als Folge dessen ist europäisches Gemüse in Westafrika durchschnittlich um 1/3 billiger als Produkte aus lokalem Anbau. Schätzungen zufolge werden die fortgesetzten EU-Agrarsubventionen dazu beitragen, dass bis zum Jahr 2025 2/3 der afrikanischen Agrarfläche verschwunden und weitere 135 Millionen Menschen auf der Flucht sein werden."

Halidou Ouedraogo, Präsident der U.I.D.H. (Inter-afrikanische Menschenrechtsliga) im Film:
„Sie haben hier ein Land, in dem die Justiz ein Problem hat. Das 'Kollektiv gegen die Straflosigkeit', in dem sich 65 Organisationen der Zivilgesellschaft vereint haben, fordert die Aufklärung von knapp 200 Verbrechen. Von irgendwo her wird dies blockiert.

Wir leben keine Demokratie hier in Burkina. Wir befinden uns höchstens in einem Prozess der Demokratisierung. Anstelle von 'demokratisch' würde ich das Land einen institutionalisierten Militärstaat nennen."

Tara Topan, Präsidentin von Kebayina (Frauenbewegung Burkina Faso):
„Wer von Demokratie spricht, muss auch von Freiheit sprechen. Wenn man nach Burkina Faso schaut, könnte man denken, es gäbe eine absolute Freiheit. Aber in meinen Augen ist das eine heuchlerische Freiheit. Denn wenn Du Dir die Freiheit nimmst, Dich kritisch über die Staatsmacht zu äußern, sobald Du für die Machthaber unangenehm wirst, werden sie nicht zögern, Dich zu eliminieren." [sic!]

„Norbert Zongo. Maßgeblicher Wortführer der intellektuellen Oppositionsbewegung und Herausgeber der kritischen Wochenzeitung 'L'Independant'. Zum Zeitpunkt seines Todes recherchierte er einen Mord, in den Francois Compaore, der Bruder des Präsidenten, involviert war. Am 13.Dezember 1998 wurde Norbert Zongo auf dem Heimweg gestoppt, und in seinem Auto verbrannt." [sic!]

„Im Jahr 2005 betrug die öffentliche Entwicklungshilfe der westlichen Industriestaaten an die Entwicklungsländer 58 Milliarden Dollar. Im selben Jahr zahlten die Länder des Südens im Rahmen ihres Schuldendienstes 482 Milliarden Dollar an den Norden."

„Insgesamt befinden sich weltweit 40 Millionen Menschen auf der Flucht. Etwa 32-34 Millionen davon verbleiben in ihrer Herkunftsregion. In Europa stellten im Jahr 2006 weniger als 200.000 Menschen einen Asylantrag. Im europäischen Durchschnitt wurden davon 5% anerkannt."

Marokko/Spanien (Beitrag von PRODEIN): „Wir verstecken uns. Oft laufen wir nur nachts. Tagsüber suchen wir uns Verstecke, im Schatten der Bäume, damit man uns nicht sieht. Denn wenn sie uns entdecken, rufen sie oft die Autoritäten."

Ein Schwarzafrikaner mit einem verletzten Fuß liegt an einem Wegrand, ein Mensch, den die Kamera nicht voll zeigt, kommt dazu. - „Guardia... Si Guardia Civil"
Der Farbige berichtet: „Ich war dabei über die Grenze zu springen, da kamen sie mit den Waffen, sie haben uns geschlagen, und geschossen. Wir waren 3. 4 Militärs und 3 Afrikaner. Die anderen sind ohnmächtig geworden. Einer ist heute nacht gestorben. Er liegt da hinten. Er ist tot. Sie haben uns geschlagen wie die Tiere. Mit den Hinterteilen ihrer Waffen. Sie haben mir den Fuß gebrochen. Ich kann nicht mehr laufen."

Aus dem Off: „Zur 'Sicherung der EU-Außengrenzen gegen unerwünschte Einwanderung' erhielt Marokko von der EU zw. 2004 und 2006 rund 40 Millionen Euro. Weitere 70 Millionen fließen ab 2007."

Ein weiterer Migrant, Bandou Keita, 52 Jahre, in Marokko an der spanischen Grenze zurückgewiesen, berichtet: „Das waren schlimme Tage, die Autoritäten meinten es nicht gut mit den Flüchtlingen. Sie hatten wirklich die Absicht, uns umbringen [sic!]. Andere Kameraden wurden schon in der Sahara ausgesetzt. Kaum war ich an der Polizeiwache angekommen, fragte man mich nach Name, Alter, Nationalität. Währenddessen sah ich Kameraden, die so... und so... da saßen [er zeigt, wie, indem er sich mit gespreizten, ausgestreckten Beinen auf die Erde setzt]. In einer Reihe. Nur eine kleine Lücke zwischen uns, damit das Militär vorbei konnte. Im Kommissariat v. [sic!] Nador habe ich Kameraden gesehen, die 5 Tage in dieser Stellungen [sic!] saßen. Tag und Nacht. So saßen sie die ganze Nacht in dieser Reihe. Selbst wenn Du erschöpft warst, und versucht hast Deine Beine anzuwinkeln, schlug man Dich mit Stöcken. Es gab Verletzte unter uns, mit gebrochenen Armen und Beinen, Kranke. Oft gab es überhaupt keinen Abstand mehr zwischen uns. Die ganze Nacht verbrachten wir so.

Oft gab es Kameraden, die mich fragten: 'Warum bist du so traurig? Wir werden doch heute nach Oujda gebracht, weil wir so viele sind. Sie werden heute Lastwägen bringen und uns zur Grenze bringen.' Ich sagte: 'Ihr habt doch keine Ahnung, was gerade in Marokko los ist! Alle eure Kameraden, die hier in diese Laster gestiegen sind, wurden in der Wüste ausgesetzt!' Es gab Verletzte, denen man Arme oder Beine gebrochen hatte und die nicht mehr laufen konnten. Sobald man sie in die Sahara geworfen hatte, mussten sie dort verharren und auf den Tod warten."

Aminata Traoré, Bamako, Mali, Schriftstellerin und ehemalige Kulturministerin von Mali:
„Die Alternative ist klar: Damit Afrika sich verändert und kein Abwanderungskontinent wird, muss zuerst Europa sich ändern. Europa muss aufhören zu stehlen, und zu lügen. Zu seiner eigenen Bevölkerung, aber vor allem zu den Afrikanern. Europa muss sich bewusst machen, dass wenn es selbst die sozialen Konsequenzen der neoliberalen Politik in Europa nicht geregelt bekommt, es nicht das Recht hat von den afrikanischen Staaten zu fordern die Konsequenzen eben dieser Politik zu kompensieren die es selbst Afrika aufzwingt. Das ist es, was so empörend ist!"

Tiken Jah Fakoly, Musiker aus der Elfenbeinküste, im Exil in Bamako, Mali:
„Ihr schottet Eure Grenzen ab, während Ihr selbst so selbstverständlich in unsere Länder kommt, als würdet Ihr zur Toilette gehen! Ihr kommt, wann Ihr wollt, fragt nach einem Visum und am nächsten Tag habt ihr es. Man stellt euch nicht zu viele Fragen. Ich finde das nicht gerecht, und ich hoffe daß [sic!] die westliche Jugend aufwachen wird!“